Dunsch · Humphry Davy

1 Humphry Davy
(17. 12. 1778
bis 29. 5. 1829)

Biographien
hervorragender Naturwissenschaftler,
Techniker und Mediziner

Band 62

Humphry Davy

Dr. Lothar Dunsch, Dresden

Mit 8 Abbildungen

BSB B. G. Teubner Verlagsgesellschaft · 1982

Herausgegeben von
D. Goetz (Potsdam), E. Wächtler (Freiberg), H. Wußing (Leipzig)
Verantwortlicher Herausgeber: D. Goetz

Abbildung auf dem Umschlag:
Humphry Davy. Stich von R. Newton nach einem Gemälde von T. Lawrence
(Ausschnitt)

Abbildung vom Frontispiz:
Das Porträt von John Jackson aus dem Jahre 1823 zeigt Humphry Davy
als Präsidenten der Royal Society

ISBN 978-3-322-00594-6   ISBN 978-3-322-94549-5 (eBook)
DOI 10.1007/978-3-322-94549-5

© BSB B. G. Teubner Verlagsgesellschaft, Leipzig, 1982
1. Auflage
VLN 294-375/89/82 · LSV 1108
Lektor: Hella Müller

Gesamtherstellung: Elbe-Druckerei Wittenberg IV-28-1-868
Bestell-Nr. 666 111 1

DDR 4,80 M

Vorwort

Seit 150 Jahren reizen die wissenschaftliche Leistung und die außergewöhnliche Persönlichkeit Humphry Davys im englischen Sprachraum wissenschaftliche Schriftsteller immer wieder zu biographischen Darstellungen. Anhand der so zahlreichen Davy-Biographien und -Biographen konnte June Z. Fullmer den Wandel in der Auffassung von einer wissenschaftlichen Biographie aufzeigen. [Science 155 (1967) S. 285] Trotz des umfangreichen englischen Schrifttums über Davy steht eine ausführlichere Biographie des großen englischen Chemikers im deutschen Sprachraum noch immer aus. Wilhelm Ostwalds biographische Skizze schränkt sich als „psychographische Studie" von vornherein auf einige Aspekte ein, und Wilhelm Prandtls Arbeit ist eine Übersetzung der Davy-Biographie von T. E. Thorpe.
Bei der Abfassung der vorliegenden Biographie ging es nicht einfach darum, diese Lücke in der deutschsprachigen Literatur zu schließen, sondern auch die Bezüge im Schaffen Davys zur geistigen wie wirtschaftlichen Entwicklung Deutschlands in jener Zeit aufzuspüren. Selbstverständlich konnten auf diesem begrenzten Raum solche Zusammenhänge nicht in aller Breite abgehandelt werden. Weiterhin sollten die durch die Faraday-Biographie von L. Pearce Williams gewonnenen Erkenntnisse für das Verhältnis von Davy und Faraday Berücksichtigung finden.
Neben diesen für eine Davy-Biographie neuen Gesichtspunkten blieb die schwierige wie reizvolle Aufgabe, das Lebenswerk eines Gelehrten darzustellen, der wie kaum ein anderer in seiner Zeit auf so vollendete Weise „theoria cum praxi" zu verbinden wußte. Davy war ein ebenso phantasievoller Forscher wie brillanter Experimentator und kritischer Theoretiker, doch verlor er den Blick für die Erfordernisse seiner Umwelt keineswegs. Auf die Rolle Davys in der Industriellen Revolution in England hat J. Kuczynski besonders hingewiesen [„Wissenschaft und Gesellschaft". Berlin 1972]. Doch ist Davy mehr als Nur-Wissenschaftler. Eigene literarische Versuche wie weitreichende Interessen an

der Kultur anderer Völker weisen ihn als vielseitigen Menschen aus. Seine Biographie wird erst durch das Bild seiner komplizierten Persönlichkeit vollständig, und es wäre völlig verfehlt, ihn einfach – wie Bernal – als „Snob und Blender" abzutun.

Der Autor hofft, im vorgegebenen Rahmen Werk und Wirkung des hervorragenden Gelehrten in der Geschichte der Wissenschaften wenigstens im Umriß vermittelt zu haben.

Bei der Erarbeitung der Biographie wurden bevorzugt englische Quellen benutzt. Zitate aus diesen Werken sind stets Übersetzungen des Autors.

Bei der umfangreichen Literaturarbeit konnte sich der Autor zahlreicher Unterstützung erfreuen. Für die Überlassung von Publikationen sei Frau Prof. June Z. Fullmer, Columbus (Ohio), und Herrn Dr. R. Parsons, Meudon (Frankreich), sowie für die Bereitstellung von Literatur den Bibliotheken der Akademie der Naturforscher Leopoldina, Halle, und der Chemischen Gesellschaft der DDR, Berlin, und der Sächsischen Landesbibliothek Dresden gedankt.

Mein Dank gilt ferner Frau Prof. Goetz, Potsdam, und Herrn Dr. Remane, Leipzig, für ihre Gutachten und kritischen Hinweise sowie dem Verlag für die gute Zusammenarbeit.

Nicht zuletzt danke ich meiner Frau Anette für ihr Verständnis und ihre Unterstützung bei der Fertigstellung des Manuskriptes.

Dresden, 10. August 1981   Lothar Dunsch

Inhalt

Einleitung

Eine geistreiche Schilderung der Zustände im England der siebziger Jahre des 18. Jahrhunderts verdanken wir Georg Christoph Lichtenberg, jenem Manne, der von seinen Zeitgenossen als außerordentlicher Naturforscher gerühmt und von der Nachwelt vor allem wegen seiner Aphorismen geschätzt wurde. Er bereiste vom August 1774 bis Dezember 1775 zum zweiten Male England. Die Zeit seines ausgiebigen Aufenthaltes auf der britischen Insel war für Lichtenberg, obwohl er hier wissenschaftlich nicht produktiv war, von gravierender Bedeutung für sein weiteres Wirken, hatte er doch die Möglichkeit, das fortschrittlichste Land Europas kennenzulernen, was er auch in vollen Zügen tat. So war er mehrfach Gast des Königs Georg III., der in Personalunion England und Hannover regierte und daher auch sein Landesherr war, sowie der Königin Sophie Charlotte, besuchte häufig Theateraufführungen, um hier den bedeutendsten englischen Schauspieler jener Zeit David Garrick zu sehen, nahm an Parlamentsdebatten teil, bereiste das Land und saß in Londoner Kneipen unter dem bunten Volk der Wirtshausgänger. Er fand dabei auch jene Szenen vor, die William Hogarth in seinen berühmten Kupferstichen aufs Korn genommen hatte. In der Tradition Hogarths, dessen Kupferstich-Serien Lichtenberg kurz vor seinem Tode für seinen „Göttinger Taschenkalender" so humorvoll und spitz kommentierte, steht bald James Gillray, der auch, als Zeichen der zunehmenden Beachtung durch breite Kreise, die Wissenschaft und ihre Vertreter zum Inhalt seiner Karikaturen macht.
Nicht weniger intensiv lernte Lichtenberg das wissenschaftliche Leben und die industriellen Entwicklungen im Lande Davys kennen. Er machte die Bekanntschaft eines der bedeutendsten Naturforscher Englands, Joseph Priestley. Der Gelehrte, der als hervorragendster Vertreter der „pneumatischen Chemie" – die sich zum Experimentieren mit Gasen der pneumatischen Wanne bediente und so ihren Namen erhielt – galt und der 1773 das Distick-

stoffmonoxid und 1774 fast gleichzeitig mit Carl Wilhelm Scheele den Sauerstoff („dephlogistierte Luft") entdeckte sowie 1774/1775 Ammoniak, Chlorwasserstoff und Schwefeldioxid isolierte, lud Lichtenberg in sein Laboratorium ein und führte ihm einige Experimente vor. Ein Bekannter Priestleys, Richard Price, war es, der Lichtenberg in der Royal Society, dem geistigen Zentrum des Landes, einführte. Viel Aufsehen erregten zu jener Zeit die Weltumseglungen des Kapitäns James Cook, der während der dritten Reise einen tragischen Tod fand (Lichtenberg widmete ihm später einen würdigenden Aufsatz). Lichtenberg trifft mit zwei der den Kapitän auf seiner Reise begleitenden Naturforschern, Daniel Solander und Sir Joseph Banks, zusammen. Banks sollte von 1778 bis zu seinem Tode als Präsident der Royal Society großen Einfluß auf die wissenschaftliche Entwicklung in England nehmen. Bald kommen zu Lichtenbergs Bekanntenkreis zwei weitere Reisebegleiter Cooks hinzu, die beiden Deutschen Reinhold Forster und dessen Sohn Georg, den später mit Lichtenberg eine enge Freundschaft verband.

Eine Reise ins Landesinnere wird für Lichtenberg außerordentlich anregend. Er schildert selbst:

Ich habe Oxford, Birmingham und Bath gesehen. Wer die letzten beiden Orte nicht gesehen hat, darf kaum sagen, daß er in England gewesen ist ... Was ich auf dieser Tour gesehen habe, zu beschreiben, ist kaum für einen Brief. Ich führe nur an, daß ich Herrn Boltons berühmte Manufaktur oder ganzes System von Manufakturen zu Soho in Staffordshire bei Birmingham gesehen habe ... Ich habe da eine Feuer- oder Dampfmaschine von einer neuen Konstruktion gesehen, die hebt mit 112 Pfund Steinkohlen 20 000 Kubikfuß Wasser 24 Fuß hoch in einer so kurzen Zeit, daß das Wasser durch seinen Fall ein Rad in Bewegung setzt, das so groß ist als eins an der Herrnhäuser Kunst. Herr Bolton macht noch ein Geheimnis daraus. [1, S. 246–247]

Im Brief schließt sich nun eine Beschreibung jener Dampfmaschinenkonstruktion an, die James Watt als Ingenieur und späterer Geschäftsmitinhaber Boultons im gleichen Jahr erstmals erfolgreich in Gang gesetzt hatte. Lichtenberg erkannte nicht nur das neue Prinzip der Wattschen Dampfmaschine, sondern zeigte an Hand von Berechnungen sofort die ökonomischen Vorteile dieser Maschine besonders hinsichtlich der damit hergestellten Waren auf. Er ahnt die Auswirkungen dieser Erfindung, die Engels später folgendermaßen charakterisierte:

Der Dampf und die neue Werkzeugmaschine verwandelten die Manufaktur in die moderne große Industrie und revolutionierten damit die ganze Grundlage der bürgerlichen Gesellschaft.

Lichtenberg reiste über Birmingham, „wo fast alles hämmert, klopft, reibt und meißelt", und Bath nach Oxford, um hier das bedeutende astronomische Observatorium zu besuchen.
Ende 1775 kehrte Lichtenberg nach Göttingen zurück („Ich gehe nicht gerne nach Göttingen und glaube kaum, daß ich je vergnügt werde da leben können"). Seine Verehrung für das England der Industriellen Revolution blieb. Sie zog seine Verachtung für die zurückgebliebenen Verhältnisse in Deutschland nach sich, die ihm keine seinen Fähigkeiten entsprechenden Entfaltungsmöglichkeiten bieten konnten, obwohl er an der berühmtesten, wenngleich auch jüngsten deutschen Universität, der Georgia Augusta in Göttingen, lehren durfte.
Drei Jahre nach der Abreise Lichtenbergs aus England wird in Südwestengland Humphry Davy geboren. Die Verhältnisse im England der Industriellen Revolution lassen den begabten jungen Mann aus der Provinz nicht nur zum bedeutenden Naturforscher werden, Davy selbst beeinflußt mit seinen wissenschaftlichen und technischen Leistungen die gesellschaftliche Entwicklung des Landes, sei es in der Fortführung der wissenschaftlichen Arbeiten Priestleys, als Nachfolger von Sir Joseph Banks im Präsidentenamt der Royal Society oder mit der Verbesserung der Kohleförderung durch die Einführung der Sicherheitslampe sowie mit zahlreichen Entdeckungen auf dem Gebiet der Chemie. Die Stationen seines Lebens nachzuzeichnen, ist bei dieser Fülle von Leistungen und Wirkungen auf seine Zeit besonders interessant.

Kindheit und Jugend in Cornwall

Humphry Davy wurde am 17. Dezember 1778 als erstes von
fünf Kindern des Holzschnitzers Robert Davy und seiner Frau
Grace geb. Millett in Penzance, Cornwall (Südwestengland), geboren. Von den Geschwistern ist vor allem sein Bruder John
Davy zu nennen, der später als Arzt und Naturforscher wirkte
und eine Biographie sowie die gesammelten Werke seines älteren Bruders herausgab. Als Humphry sechs Jahre alt war, zogen
seine Eltern auf das nahegelegene Gut Varfell, er aber blieb bei
John Tonkin, dem ehemaligen Vormund der Mutter, der sich
nun des Jungen annahm und der als außerordentlich kinderlieb
geschildert wird. Gegenteiliges erlebt Humphry Davy auf der
Grammar School. Dem Leiter dieser Schule gingen jegliche päd-
agogische Fähigkeiten ab, und so blieben Davy außer „little latin,
less greek" oft nur Prügelstrafen. Das Interesse an der schuli-
schen Bildung und Erziehung war nahezu Null. Viel lieber hörte
er den phantasievollen Geschichten der Großmutter zu und er-
zählte sie seinen Freunden in neuer Fassung weiter. Er durch-
streifte die Gegend der wildromantischen Mounts Bay, lernte
Gebäude und Produkte des hier seit langem betriebenen Zinn-
bergbaus kennen, trieb oft Spiele in der freien Natur, jagte und
angelte, und nur die Herstellung von Feuerwerkskörpern bei
einem Bruder des väterlichen Freundes läßt seinen späteren Beruf ahnen. Die schulische Ausbildung wurde erst während des
Aufenthaltes an der berühmten Lateinschule von Truro 1793 besser, mit derem einjährigen Besuch seine Schulbildung als abge-
schlossen galt. Das sich anschließende Nichtstun mit den viel-
fältigsten Zerstreuungen wurde Ende 1794 durch den Tod des
Vaters jäh beendet, der neben fünf unmündigen Kindern der
Witwe noch einen beträchtlichen Schuldenberg hinterließ.
Anfang 1795 begann für Davy der Ernst des Lebens, als er eine
Lehre bei dem Arzt und Apotheker Bingham Borlase aufnahm,
um sich später der Medizin zuwenden zu können. Er arbeitete
von nun an mit einem ebensolchen Ernst, wie seine Mutter an

die Erziehung ihrer Kinder und die Verbesserung ihrer finanziellen Lage ging. Es war der Wunsch des Vormundes Tonkin, Davy als praktischen Arzt auszubilden. Während seiner Lehre, die für Davy mit Arbeiten zur Bereitung von Arzneien begann, und auch später hat die Naturwissenschaft ihn so in ihren Bann gezogen, daß er dann doch keine medizinische Laufbahn einschlug.

Zur Erweiterung seiner Kenntnisse stellte sich der sechzehnjährige Humphry selbst einen „Studienplan" auf, der von der Theologie (Philosophie) bis zur Mathematik reichte, sechs Fremdsprachen (u. a. Hebräisch) enthielt und unter der Rubrik „mein Beruf" als Punkt 3.6. „Chemie" nannte. Es dauert fast zwei Jahre, ehe er – vor allem nach philosophischen, theologischen und mathematischen Studien sowie poetischen Versuchen – bei der Chemie anlangte. Als Lektüre standen ihm zwei Werke zur Verfügung, von denen das eine auf der Höhe seiner Zeit und das andere eine lexikalische Darstellung war: Lavoisiers „Traité élémentaire de Chimie" und Nicholsons „Dictionary of Chemistry". Neben der Lektüre griff Davy zum Experiment, um verschiedene Angaben zu überprüfen oder sich auf experimentellem Wege den neugebotenen Stoff einzueignen. Dazu konnte er anfangs nur auf die Möglichkeiten seines Lehrherren zurückgreifen, doch durch die Bekanntschaft mit dem Privatgelehrten Davies Gilbert durfte er neben dessen Bibliothek auch das Laboratorium des Dr. Edwards gemeinsam mit Gilbert benutzen. Anregend und fördernd war für Davy die Freundschaft mit dem hochbegabten und kränklichen Gregory Watt, dem ältesten Sohn von James Watt. Er hatte bereits die Universität Glasgow besucht und sollte bald Davy mit seinem berühmten wie kenntnisreichen Vater bekannt machen, der sich oft in Cornwall aufhielt, da hier Bergwerke mit seinen Dampfmaschinen ausgerüstet wurden. Diese Bekanntschaften wie seine Studien ließen dem phantasievollen und ideensprühenden Davy nach nur 4 Monaten eigene Vorstellungen von den theoretischen Grundlagen der Chemie entwickeln, die er ohne Zögern einem bekannten Naturforscher der damaligen Zeit, Dr. Thomas Beddoes, schriftlich mitteilte, nachdem er mit ihm in Gilberts Haus zusammengetroffen war. Es entspann sich daraus ein Briefwechsel, und Beddoes, der gerade mit der Einrichtung eines Institutes in Clifton bei Bristol beschäftigt war, sollte sich bald für den jungen Mann aus

Penzance interessieren. Durch Davies Gilbert, der die Einrichtung des Institutes von Beddoes mitfinanzierte, angeregt, schlug Beddoes dem jungen und wissenschaftlich völlig unerfahrenen Davy eine Anstellung als Assistent an seinem Institut vor. Was ihn dazu bewog, war nicht nur der gute Leumund Gilberts, sondern auch die interessante Vorstellung des jungen Davy, daß – ganz im Gegensatz zu Lavoisiers Verbrennungstheorie – die Wärme immateriell sei.

Lavoisier hatte, basierend auf den Entdeckungen verschiedener Gase, vor allem des Sauerstoffs und des Wasserstoffs (Cavendish 1766), die Phlogistontheorie durch seine Verbrennungstheorie ersetzt und damit eine widerspruchsfreie Erklärung des Verbrennungsvorganges ermöglicht. Allerdings blieb neben der Erfassung aller an der Verbrennung beteiligten Stoffe noch zu klären, weshalb bei dieser chemischen Reaktion auch Wärme und Licht entstehen konnten. Lavoisier setzte seine Konzeption einer Stoffbilanz bei chemischen Reaktionen konsequent fort und postulierte daher einen „Wärmestoff" und einen „Lichtstoff". Die Frage, wie denn solche „Stoffe" beschaffen sein könnten, beschäftigte auch den Neuling Davy. Er ersann zur experimentellen Überprüfung seiner Vorstellung mit Hilfe seiner bescheidenen Mittel einen Versuchsaufbau, bei dem unter einer Glocke zwei Platten mit einem Uhrwerk gegeneinander bewegt wurden, wobei die eine mit Eis belegt war. Aus der Tatsache, daß ein Teil des Eises nach Ablauf des Uhrwerkes geschmolzen und eine Wärmeübertragung von außen wegen des Vakuums in der Glocke nicht möglich war, schloß Davy, daß die Wärme kein Stoff sein könne. Obwohl spätere Nachrechnungen gezeigt haben, daß die beim Reiben mit diesem Uhrwerk freiwerdende Wärme zu gering ist, um durch das Schmelzen des Eises bemerkt zu werden, so erregte der Versuch nach seiner Veröffentlichung doch einiges Aufsehen und weckte bald das Interesse des berühmten Grafen Rumford, der sich ebenfalls mit der experimentellen Überprüfung der Wärmetheorie befaßte, für den unbekannten jungen Mann.

Beide standen damit in der Tradition ihres Landsmannes Joseph Black, der etwa drei Jahrzehnte früher nicht nur mit seinen quantitativen Untersuchungen der Zersetzung und Bildung von Magnesiumcarbonat die Ära der pneumatischen Chemie einleitete, sondern die Entwicklung der Wärmelehre in ihrer Herausbildung maßgeblich beeinflußte, indem er neben einer klaren Trennung der Begriffe „Wärme" und „Temperatur" zur quantitativen Messung der Wärme überging. Er entdeckte die spezifische Wärmekapazität und die latente Wärme des Wassers, wobei seine Versuche über das Schmelzen des Eises zu den wichtigsten experimentellen Grundlagen der Theorie zählten. Blacks Untersuchungen wurden durch den zunehmenden Einsatz thermischer Verfahren initiiert, von ihren Ergebnissen profitierte James Watt bei der Konstruktion der Dampfmaschine, der wohl wichtigsten praktischen Anwendung der Wärmelehre. Im Gegensatz zu Watt hatten Rumford wie Davy den theoretischen Aspekt im Auge.

Davy zog nun an die „Pneumatic Institution" des Dr. Beddoes, um hier Arbeitsmöglichkeiten für wissenschaftliche Untersuchungen zu finden, die er sich vorher kaum erträumt hatte und um die ihn mancher Forscher seiner Zeit sicher beneidete.

Er brach seine Lehre bei Dr. Borlase ab und reiste am 2. Oktober 1798 mit einem wohlwollenden Zeugnis seines Lehrherren nach Clifton bei Bristol. Davy hielt es für ein gutes Omen, daß zur Zeit seiner Reise gerade in England Feiern zum Sieg des Admirals Nelson bei Abukir über die Franzosen abgehalten wurden. Sicher war für ihn der Schritt an die Pneumatic Institution von gleicher Bedeutung wie für England Nelsons Sieg. Das Land befand sich seit 1793 mit Frankreich im Krieg, und die Seeschlacht bei Abukir stellte Englands militärische Überlegenheit zur See wieder her. Die zweite große Seeschlacht bei Trafalgar im Jahre 1805 führte, erneut unter Nelson, der dabei den Tod fand, zur Vernichtung der französischen und verbündeten spanischen Flotte, womit eine französische Invasion in England gebannt wurde und dem Land das Schicksal Mitteleuropas erspart blieb. Doch auch für England war der Krieg noch nicht beendet, das Ende sollte erst die Schlacht bei Waterloo unter Wellington zehn Jahre später bringen.

Das politische wie wirtschaftliche Leben Englands hatte während des Krieges zahlreiche Belastungen zu bestehen, die Bewohner Englands jedoch blieben von Kriegswirren verschont – eine Tatsache, von der auch Davy profitierte, da seiner wissenschaftlichen Laufbahn aus diesem Grunde keine Schwierigkeiten erwachsen konnten. Für ihn war die Reise nach Bristol nicht nur geographisch der halbe Weg nach London.

Assistent an Dr. Beddoes'
„Pneumatic Institution"

In Bristol wurde der junge Davy im Hause Beddoes aufgenommen. Er hatte damit Gelegenheit, in den Freundeskreis des Hauses, der teilweise von bedeutenden Männern – so Mitgliedern der berühmten „Lunar Society" – gebildet wurde, eintreten, an dem geistigen Austausch dieses Kreises teilhaben und sich geistvollen jungen Männern dieser Runde freundschaftlich anschließen zu können. Dieser Freundeskreis bei Beddoes hatte sich gebildet, als Beddoes eine Tochter seines Freundes Richard L. Edgeworth, der sich als Naturforscher einen Namen gemacht hatte, heiratete. Anna Beddoes, die zwar keineswegs so bekannt, aber ebenso gebildet wie ihre Schwester, die Schriftstellerin Maria Edgeworth, war, bildete den Mittelpunkt des Kreises, der seinerseits das Zentrum des geistigen und literarischen Lebens in Bristol darstellte. Zu Anna fühlte Davy sich hingezogen („Mrs. Beddoes ist die beste und liebenswürdigste Frau in der Welt"). Sie wiederum benutzte ihren Einfluß, um dem unbeholfenen jungen Mann die Formen gesellschaftlichen Umgangs beizubringen.
Zum Kreis des Hauses gehörten [2]: der berühmte Erasmus Darwin (der Großvater von Charles Darwin), der schon genannte James Watt, weiter Thomas Wedgwood, der Sohn des berühmten Keramikers Josiah Wedgwood, der Verleger Joseph Cottle, der Stückeschreiber John Tobin sowie die beiden Romantiker Robert Southey und Samuel Taylor Coleridge. Die beiden letzteren übten auf Davys Entwicklung entscheidenden Einfluß aus. Beiden fühlte sich Davy lebenslang freundschaftlich verbunden, beide regten ihn zu weiteren belletristischen Versuchen an, und vor allem Coleridge, der auf einer Bildungsreise durch Deutschland zum Kantianer geworden war, beeinflußte die philosophischen Anschauungen Davys. [3], [4] Dadurch war er zunächst völlig der Naturphilosophie ergeben, als deren berühmte Vertreter im Bereich der Naturwissenschaften besonders Oersted, Ritter und Weiss zu nennen sind. Erst im Laufe seiner weiteren Arbeiten sollte er einen kritischen Standpunkt dazu einnehmen.

Was Davy stets beibehielt, war die Auffassung, daß ähnliche Erscheinungen ineinander umwandelbar sind und daß man stets mit Kräften – abstoßenden und anziehenden – anstelle von unwägbaren Flüssigkeiten zu rechnen habe. Letztere prägte vor allem seine theoretischen Ansichten zur Elektrochemie.

Davys politische Ansichten wurden durch den Hausherrn Beddoes beeinflußt, der sich nicht nur wie viele Mitglieder seines Zirkels als Nonkonformist betrachtete, sondern nach einer Frankreichreise in den achtziger Jahren zum Anhänger der Französischen Revolution geworden war. Letzteres kostete ihm sein 1786 erhaltenes Universitätsamt, und so mußte er 1792 seine Stellung als Chemiedozent an der Universität Oxford aufgeben, wo er sich u. a. mit der Herausgabe der englischen Übersetzung der gesammelten Werke von Scheele und Torbern Bergman einen Namen gemacht hatte. Er ließ sich 1793 in Bristol nieder, um hier bis an sein Lebensende an der Verwirklichung seines Konzepts zu arbeiten, die Chemie für die Medizin nützlich zu machen. Vor allem in Fortführung der Arbeiten Priestleys wandte sich Beddoes der Untersuchung von Gasen in Hinsicht auf deren therapeutische Wirkung zu. Nachdem er bereits 1793 ein kleines Laboratorium für seine wissenschaftlichen Arbeiten unterhalten hatte, gelang es ihm, im März 1799 seine „Hotwells Medical Pneumatic Institution" in Clifton bei Bristol zu eröffnen. Die Institution war Krankenhaus, chemisches Laboratorium und Vortragssaal in einem. Das zweistöckige Haus am Dowry Square bot außerdem noch dem Assistenten Davy Unterkunft. Zwei Ärzte waren für die Betreuung der Patienten angestellt. Auch Beddoes widmete sich den Patienten und wurde von Davy täglich für zwei Stunden assistiert, der damit seinem ursprünglichen Wunsch nachkommen wollte, doch noch ein ausgebildeter Mediziner zu werden. Die übrige Tageszeit stand Davy für chemische Experimente und Literaturstudien frei.

Im Laboratorium konnte Davy einen Teil der Untersuchungen fortsetzen, die er bereits in Penzance begonnen hatte. [5] Einer Theorie des Amerikaners Samuel Mitchell zufolge sollte das von Priestley gefundene „dephlogistierte Salpetergas", das nach unserer heutigen chemischen Nomenklatur mit Distickstoffmonoxid bezeichnet wird, die Ursache aller ansteckenden Krankheiten sein und beim Einatmen „schreckliche Wirkungen" hervorbringen.

Davy hatte noch in Penzance in ersten Versuchen gefunden, daß beim Einatmen kleiner Gasmengen gar keine Wirkung hervorgebracht wurde. Dieses teilte er damals Beddoes mit, doch mußten wegen seiner bescheidenen Mittel weitere Versuche unterbleiben.

Im neueröffneten Laboratorium der Pneumatic Institution nahm Davy diese Arbeiten wieder auf und bereitete nach den Angaben Berthollets aus Ammoniumnitrat reines Distickstoffmonoxid, mit dem er Versuche zum Einatmen anstellen konnte. Das Gas führt – in großen Mengen eingeatmet – zu einem leicht angeregten Zustand. Die überraschende Erkenntnis stellte er Beddoes vor, der davon beeindruckt war. Alle Mitglieder der Hausgesellschaft wurden als Versuchspersonen herangezogen, und Coleridge hatte nach der Einwirkung des Gases das Gefühl, über alle Umstehenden lachen zu müssen. Der Name für dieses eigenartige Gas ist geboren: Lachgas. Aus dem Kreis um Beddoes geht die Kunde von dem Gas und seiner Wirkung ins weite Land, wo es Mode wird, damit zu experimentieren, nachdem man der zahlreichen elektrischen Spielereien, die in den beiden Jahrzehnten zuvor Mode waren, langsam überdrüssig geworden ist. Die auffallende Wirkung des Lachgases läßt. eine wichtige Anwendung unbeachtet, auf die Davy bei der Ankunft eines Weisheitszahnes stößt: der Einsatz von Distickstoffmonoxid als Anästhetikum. Erst 44 Jahre später greift der Amerikaner Horace Wells auf diesen Vorschlag zurück.

Davy arbeitet fast 10 Monate lang über die Wirkung von eingeatmeten Gasen, wozu ihm bald eine Beatmungsbox zur Verfügung steht. Der Konstrukteur dieser Box ist kein Geringerer als James Watt, und die Hersteller sind natürlich „Boulton und Watt" in Soho bei Birmingham.

Davy dehnt seine Versuche zunächst auf die Gase Sauerstoff, Wasserstoff und Stickstoff aus. Erst als er das Arbeiten mit Kohlengas fast mit dem Leben bezahlt, bricht er die Versuche ab. Die Ergebnisse der Untersuchungen legt er im Jahre 1800 in einem Buch nieder, [6] womit er sich in breiteren Kreisen einen guten wissenschaftlichen Namen verschaffen konnte. Sein Ruf als wissenschaftlicher Autor war vordem angeschlagen, da er sich bis dahin nur durch zwei Publikationen mit wüsten Spekulationen hervorgetan hatte.

Zur Popularisierung der Arbeiten und Aufgaben seines Institutes
hatte Beddoes eine Sammlung unter dem Titel „Contributions to
Physical and Medical Knowledge, principally from the West of
England" herausgegeben, deren erster Band 1799 erschien. Bed-
does bereitete gerade diesen ersten Band vor, als Davy im
Oktober 1798 bei ihm eintraf. Er ermunterte den jungen Mann
sofort, seine bisherigen Arbeiten zu publizieren. Erfreut nahm
Davy das Angebot an, was er später bitter bereuen sollte. Im
Augenblick jedoch schreibt er stolz seiner Mutter in einem Brief
vom 11. Oktober 1798:

Er [Beddoes – L. D.] machte mir die größten Komplimente zu meinen Entdeckungen und ist tatsächlich zu meiner Theorie bekehrt, was ich kaum
erwartet hätte.

...

Wir sind gerade dabei, in Bristol bei Cottle drucken zu lassen, so daß meine
Zeit in den nächsten 14 Tagen durch die Vorbereitungen für den Druck
stark in Anspruch genommen sein wird, [7]

schreibt er weiter unten im gleichen Brief.
Die Theorie hatte wahrscheinlich Beddoes als einzigen Anhänger, denn vom allgemeinen Publikum wurde sie entweder ver-
lacht oder übergangen. In seiner Abhandlung über „Wärme, Licht
und Kombinationen des Lichtes" ist, umgeben von vielen Spekulationen, die bereits erwähnte richtige Erklärung der Wärme auf
atomistischer Grundlage enthalten. Die Kritik an seinen Spekulationen verführte Davy aber auch dazu, an der Existenz der
Atome zu zweifeln. Er hat lange die Auffassungen Daltons über
die Atome als unteilbare Teilchen negiert und sie erst kurz vor
seinem Tode gewürdigt.
Die genannte Abhandlung bildet ebenso wie eine zweite „Über
die Bildung von Phosoxygen (Sauerstoffgas) und die Ursachen
der Farben im organischen Wesen" die Grundlage seiner „Phosoxygentheorie". Nach Davy sollte der Sauerstoff noch Licht enthalten und deshalb die Bezeichnung Phosoxygen tragen. Mit dieser Doppeleigenschaft des Sauerstoffs wollte er die verbesse-
rungsbedürftige Verbrennungstheorie Lavoisiers reformieren,
doch auch in seiner Zeit war dieses Konzept unhaltbar. Seine
Phosoxygentheorie wandte er z. B. auf die Farben bei Tier und
Mensch an. So sollte die schwarze Hautfarbe der Neger auf die
starke Sonneneinstrahlung zurückzuführen sein. Diese blamablen

18

Verirrungen haben ihn ein Jahr später in dem bereits erwähnten Buch über das Lachgas zu der Einsicht geführt: „Frühe Erfahrung hat mich die Torheit eiliger Schlüsse gelehrt."
Mit dieser Erkenntnis schloß er in der ersten Hälfte des Jahres 1800 seine Arbeiten über Gase ab und wandte sich einem neuen Arbeitsgebiet zu, das durch eine bahnbrechende Entdeckung eröffnet und bald fieberhaft von vielen Forschern bearbeitet wurde: die „fließende Elektrizität der Voltaschen Säule". Ein Blick in die naturwissenschaftlichen Zeitschriften der Jahrgänge ab 1800 zeigt, daß Wissenschaftler mit und ohne Rang und Namen sich auf das neue Forschungsgebiet stürzten und mit ihren Ergebnissen und Disputen ganze Bände füllten. Auch Davy gehörte von Anfang an dazu. Sein Chef Beddoes wollte die Wirkungen des elektrischen Stromes ebenso für therapeutische Zwecke einsetzen wie vordem die neuentdeckten Gase, doch blieben die Arbeiten Davys in Bristol nur Bruchstücke, da er im Februar 1801 seine Stellung an der Pneumatic Institution aufgab. Es wartete eine ehrenvolle Stellung auf ihn: Er konnte nun als „assistent lecturer" und bald darauf als Professor an der Royal Institution in die geistige Atmosphäre der englischen Hauptstadt eindringen und hier glänzende wissenschaftliche wie persönliche Erfolge erzielen.
Obwohl er in Bristol weder eine Ausbildung als Chemiker noch – wie vielleicht erhofft – als Mediziner erhielt, so darf doch die Pneumatic Institution in Bristol als Davys Universität bezeichnet werden. Im Kreise ausgezeichneter Männer, die bei Beddoes verkehrten, erhielt Davy seinen geistigen Schliff. Dispute in diesem Kreis über wissenschaftliche und technische Probleme, zu politischen und philosophischen Fragen formten die Persönlichkeit und den Wissenschaftler Davy. Als er Bristol verließ, hatte er sich einen wissenschaftlichen Stil erarbeitet, dessen Kernstück das experimentelle Arbeiten war.
Darüberhinaus hatte der Kontakt mit Literaten Davys eigene literarische Tätigkeiten angeregt und gefördert. [8] Vor allem Southey nahm sich der poetischen Arbeiten Davys an. Einiges veröffentlichte er in seiner „Annual Anthology" (1798 und 1799), so z. B. „Die Söhne des Genius", die schon in Penzance begonnen wurden. Meist sind es Naturschilderungen, die Davy in seiner von Southey und Coleridge übernommenen romantischen

Schwärmerei verfaßte, wie beispielsweise seine „Ode an den Berg St. Michael in Cornwall". Mit seinen Freunden, die an seinen Gedichten auch Kritik üben, bemüht sich Davy um eine Verbesserung seines Stils. So intensiv wie hier in Bristol wird seine

2 Humphry Davy während seiner Zeit an der Pneumatic Institution. Porträt von James Sharples um 1800. (Mit freundlicher Genehmigung der Royal Institution, London.)

Beschäftigung mit der Dichtkunst nie mehr, völlig läßt er aber von diesem für einen Naturwissenschaftler ungewöhnlichen Zeitvertreib nie ab. Seine tiefe Bewunderung für Anna Beddoes teilt er ihr wenige Jahre später in einem schwärmerischen Gedicht mit. Schon in London, wird er in einer Nacht den Prolog zum Stück „The Honey-Moon" seines Freundes Tobin schreiben. Häufig nimmt ihn die Schönheit der Muttersprache gefangen, doch sein Beruf (wie seine Berufung) ist die Naturwissenschaft. Sicher ist es übertrieben, ihn als „poet and philosopher" zu bezeichnen, doch er hat bewiesen, daß er mehr ist als nur Könner seines Fachs. Welche brilliante Entdeckungen er auf seinem Fachgebiet hervorbringen kann, sollte er nun an der Royal Institution zeigen.

Professor an der Royal Institution

Erste Jahre in London

Der greise Joseph Priestley, der nach seiner Emigration in den
USA ein zurückgezogenes Dasein führte, verfolgte die wissenschaftliche Entwicklung vor allem der „pneumatischen" Chemie
mit großem Interesse. So lernte er die Arbeiten Davys kennen,
sicher auch durch seinen Sohn Joseph darauf hingewiesen, der
sich zeitweise in Bristol aufhielt und bei Beddoes verkehrte, wo er
mit Davy zusammentraf. Davys sprühender Geist, der aus den Publikationen sprach, und die Experimentierfreude, die aus den Versuchen über das Lachgas zu erkennen war, beeindruckten den berühmten Naturforscher, auch wenn er über die kühnen Gedanken-
flüge Davys erschrocken war. Das Lob, welches er dem jungen
Forscher in einem Brief zollt, spricht für sich:

Ich habe mit Bewunderung Ihre ausgezeichneten Publikationen gelesen und
einige Belehrung daraus erfahren. Es bereitet mir eine besondere Genugtuung, daß ich, da ich im Leben weit fortgeschritten bin und nicht erwarte,
noch viel tun zu können, in meinem eigenen Land einen so fähigen Nachfolger im großen Feld der experimentellen Naturwissenschaften erhalten
werde. [9]

Das war natürlich eine ausgezeichnete Empfehlung für den jungen
Mann. Durch Fürsprachen von Freunden und Bekannten hatte er
eine glänzende Stellung erhalten, nachdem Graf Rumford auf ihn
aufmerksam gemacht worden war.
Rumford, mit bürgerlichen Namen Benjamin Thompson, war briti-
scher Herkunft und stammte aus Nordamerika. Während des Un-
abhängigkeitskrieges hatte er sich auf englische Seite gestellt und
kam bald nach London. In den Mittelpunkt öffentlichen Interes-
ses rückte er erst in München, wo er bald bayrischer Kriegsmi-
nister wurde. Als solcher beaufsichtige er auch die Werkstatt für
die Herstellung von Kanonen. Die auftretende Temperaturerhö-
hung beim Bohren des Kanonenlaufs veranlaßte ihn zu der
Schlußfolgerung, daß die Wärme kein Stoff sein könne. Die bayrische Residenz beglückte er noch mit dem englischen Garten
und die Welt mit der Rumfordsuppe, ehe er wieder in London

auftauchte, um hier die Einrichtung öffentlicher Anstalten zur Verbesserung der materiellen Lage der unteren Gesellschaftsschichten vorzuschlagen, woraus auch – allerdings nicht mehr ganz dem ursprünglichen Ziel dienend – die Royal Institution hervorging.

Rumford, der nun neben dem Präsidenten der Royal Society, Sir Joseph Banks, die Royal Institution verwaltete, hatte Davy im Februar 1801 nach London geholt, womit sich diesem die Gelegenheit eines glänzenden Aufstiegs bot, die ein solch genialer wie selbstbewußter Kopf auch nutzte.

Die Royal Institution war im Jahre 1799 gegründet und ein Jahr später eingerichtet worden [10] mit dem Ziel,

ein öffentliches Institut zur Verbreitung von Kenntnissen und zur Erleichterung der allgemeinen und schnellen Einführung neuer und nützlicher mechanischer Erfindungen und Verbesserungen

zu sein. Die Doppelfunktion des Royal Institution, durch Vorträge verschiedener Art für die Verbreitung wissenschaftlicher Erkenntnisse zu wirken und die praktische Anwendung der neuen Ergebnisse der Wissenschaft zu fördern, wird durch Davy noch um eine dritte Aufgabe erweitert: die eigene Forschung auch zu grundlegenden wissenschaftlichen Problemen. Dieser Dreiteilung der Aufgaben fühlt sich die Royal Institution, englischem Traditionsbewußtsein gemäß, bis heute verpflichtet. [11] Ebenso ist die Finanzierung des Hauses bis heute die gleiche geblieben. Die Royal Institution stützt sich nahezu ausschließlich auf Spenden. Zur Gründungszeit des Hauses wurde ein Verwaltungsrat gebildet, dessen Vorsitz zunächst Sir Joseph Banks übernahm und dessen Sekretär Graf Rumford war. Die Royal Institution hat seit ihrer Gründung ihren Sitz in der Albemarle Street. Als erster Professor der Royal Institution wurde Thomas Garnett, Professor der Chemie in Glasgow, gewonnen. Seine Tätigkeit war hier wenig erfolgreich, da es Auseinandersetzungen mit Rumford gab, die schließlich zu seinem Ausscheiden führten.

Rumford mußte sich also rechtzeitig nach einem Nachfolger umsehen, den er nun in Davy zu finden hoffte. Die Empfehlungen sowie die ähnliche Auffassung beider zur Wärmetheorie hatten Davy den Weg an die Royal Institution geebnet, auch wenn Rumford dem Auftreten Davys zunächst mit Skepsis entgegensah.

3 „Wissenschaftliche Forschungen! Neue Entdeckungen der pneumatischen Chemie! oder eine Experimentalvorlesung über die Kraft der Luft". Karrikatur einer Experimentalvorlesung an der Royal Institution von James Gillray um 1802. Beschreibung der Personen im Text.

Erst nach einem Vortrag, der begeisternd wirkte und ohne jegliche Hemmungen gehalten wurde, waren seine Zweifel diesbezüglich beseitigt. Er gestand nun Davy das große Auditorium der Royal Institution für seine Vorträge zu, eine Chance, die Davy dazu nutzte, das allgemeine Interesse an der Wissenschaft, an der Royal Institution und nicht zuletzt an sich selbst zu fördern. Bestes Beispiel für die Verwirklichung dieses Vorhabens ist die Karikatur einer Vorlesung an der Royal Institution von der Hand des damals berühmten Zeichners James Gillray aus dem Jahre 1802, die Abb. 3 wiedergibt. Gillray zählt zu den bedeutendsten englischen Karikaturisten jener Zeit, und es spricht für die öffentliche Beachtung der Royal Institution und der hier wirkenden Wissenschaftler, wenn sie von Gillray karikiert werden. Eine ausführliche zeitgenössische Beschreibung des Bildes verdanken wir der Zeitschrift „Paris und London", [28] die eine eindeutige Bezeichnung der abgebildeten Personen und der weiteren Umstände erlaubt. Die weitschweifige Abhandlung gibt, auf einen kurzen Nenner gebracht, folgendes an: Einmal wird

von Gillray die herrschende wissenschaftliche Mode aufs Korn
genommen, mit Gasen zu experimentieren. Zweitens fällt ein
Seitenhieb auf den Sekretär Rumford, der etwas selbstherrlich
und mit angelegtem Orden rechts neben der Tür dargestellt ist.
Am Vortragspult und Experimentiertisch stehen Thomas Young,
der von 1802 an zwei Jahre lang der Royal Institution ange-
hörte, sowie rechts neben ihm Davy, dem hier die Rolle eines
Assistenten zugeschrieben wird, möglicherweise als kleiner
Dämpfer für den allzu strebsamen jungen Mann. Das Versuchs-
objekt, dem Young gerade Lachgas – wie könnte es anders sein –
einflößt, ist Sir John Hippisley, der nach dem Rücktritt von Sir
Joseph Banks und Graf Rumford die Geschicke der Royal Institution als Schatzmeister eine Zeitlang leiten sollte. Er versuchte,
die Royal Institution mehr als salonfähige Anstalt für Adlige
denn als wissenschaftliche Einrichtung anzusehen. Ein Unternehmen, das glücklicherweise fehlschlug. Hippisleys Art, möglichst
vornehm zu wirken, wird mit der Darstellung einer wenig vor-
teilhaften Situation parodiert. Die Zuschauer sind tatsächlich exi-
stierende Mitglieder der „high society" von London, die mit
ihrem Porträt auch mehr oder weniger schlecht wegkommen.
Die Karikatur erschien – zunächst anonym – am 23. Mai 1802.
Zwei Tage vorher war Davy zum Professor an der Royal Institution ernannt worden. Er bildet damit den Anfang der Reihe
berühmter Gelehrter, die mit ihrem Wirken an der Royal Institution ernannt worden. Er bildet damit den Anfang der Reihe
schaffen: Michael Faraday, John Tyndall, James Dewar und
Lord Rayleigh sind es im 19. Jahrhundert.
Zunächst sieht es für Davy keineswegs so aus, als solle er große
Entdeckungen machen.
Der Bestimmung des Hauses entsprechend mußte Davy vor
allem Vorlesungen halten. Das fiel ihm allerdings sehr leicht,
denn, nachdem er anfängliche Schwierigkeiten in der Vortragsweise ausgemerzt hatte, entwickelte er sich zu einem glänzenden
Vortragenden, und mit dem „Feuer seines geistvollen Vortrages"
riß er das Auditorium mit. Es kommt hinzu, daß Davy, der dem
Urteil des Faraday-Biographen Pearce Williams nach „der wohl
schönste Mann in der Geschichte der Naturwissenschaften" war,
auch sehr viele weibliche Zuschauer hatte, die nicht nur den
Vortrag, sondern auch den Vortragenden bewunderten. Zeit-

genossen wollen folgenden Seufzer der Damen gehört haben:
„Diese Augen sind noch zu etwas anderem geschaffen, als in
die Schmelztiegel zu blicken." Weiterhin sorgten die Mitglieder
des Tepiderian-Clubs, die nicht nur die landesübliche Vorliebe
zum Tee, sondern die weniger landesübliche zur Republik
vereinte und die Davy bald nach seiner Ankunft in London in ihrer Mitte aufnahmen, für die entsprechende „publicity".
So wurde natürlich auch das öffentliche Interesse an der Royal
Institution wachgehalten, was für deren Bestand äußerst wichtig
war, denn es gingen damit weiterhin Geldspenden für das Haus
ein. Es wird von Davy-Biographen behauptet, daß nur durch
die Tätigkeit Davys die Royal Institution ihre schwierigen An-
fangsjahre finanziell überstanden hat.

Was die Zuhörerinnen betrifft, so muß zu ihrer Ehre gesagt werden, daß sie nicht nur beim passiven Bewundern stehen blieben.
Eine von ihnen, Jane Marcet, die Frau des in London lebenden
Schweizer Naturforschers Alexander Marcet, verfaßte – angeregt
durch Davys Vorträge – zunächst anonym jene „Conversations
on Chemistry", aus denen auch Michael Faraday seine ersten
Anregungen erhielt, als er ein Exemplar dieses Werkes einbin-
den mußte. Das Buch erlebte insgesamt 18 Auflagen, und bis
1853 waren im englischsprachigen Raum 160 000 Exemplare ver-
kauft, womit es zu den verbreitetsten populärwissenschaftlichen
Werken der Chemie gehörte. Eine deutsche Ausgabe wurde 1839
von Friedlieb Ferdinand Runge besorgt. [12] Bemerkenswert ist,
daß Jane Marcet in ihrem Buch Daltons Atomtheorie ebenso
wie Davy völlig unbeachtet ließ, dessen Wandel in seiner Anschauung aber in späteren Jahren nicht nachvollzog. Davys Verhältnis zu Dalton und seiner Atomtheorie offenbart nicht nur
die theoretischen Auffassungen Davys, sondern auch die grund-
verschiedenen Persönlichkeiten der beiden Gelehrten. Während
aus heutiger Sicht die beiden Naturwissenschaftler als ebenbürtig in ihren Leistungen betrachtet werden, war zu ihren Lebzei-
ten der um 12 Jahre jüngere Davy in der gesellschaftlichen Anerkennung Dalton weitaus überlegen. Das mag vielleicht in
ihrem Temperament begründet sein. Benutzt man Ostwalds ver-
einfachende Typisierung der Wissenschaftler, so sind beide als
Musterbeispiele dieses dualen Modells zu nennen: Dalton der
Klassiker und Davy der Romantiker, als den ihn auch Ostwald

bezeichnet hat. Beide sind an der Royal Institution bald zusammengekommen, da Dalton Ende 1803 eingeladen wurde, hier Vorträge zu halten. Die Schilderung des ersten Zusammentreffens zwischen beiden durch Dalton zeigt schon die beiden Charaktere. In einem Brief schreibt er:

Ich wurde Herrn Davy vorgestellt, dessen Räume in der Royal Institution sich an meine anschließen. Er ist ein sehr angenehmer und intelligenter junger Mann. Wir hatten einen Abend lang eine interessante Unterhaltung. Der prinzipielle Fehler in seinem Charakter ist, daß er nicht raucht. Herr Davy unterwies mich in der Ausarbeitung meines ersten Vortrages ... Ich übte und schrieb fast zwei Tage lang und berechnete auf die Minute, wie lange der Vortrag dauern würde, wobei ich bestrebt war, die Ausführungen etwa 50 Minuten lang werden zu lassen. Am Abend vor dem Vortrag gingen Davy und ich in den Vortragssaal. Er ließ mich das Ganze vortragen und ging in die äußerste Ecke; dann las er vor, und ich war Zuhörer. Wir kritisierten unsere Vortragsweise gegenseitig. [13, S. 57]

Sechs Jahre später ist Dalton wieder zu Vorträgen an der Royal Institution, und nicht ohne Stolz kann er in einem Brief berichten: „Davy kommt nun meinen Anschauungen über chemische Dinge sehr nahe." [13, S. 60]
Tatsächlich war Davy, vor allem durch Diskussionen mit Wollaston und David Gilbert, der Theorie Daltons nähergekommen. In seinem Hauptwerk „A new System of Chemical Philosophy" hatte Dalton die Grundlagen seiner Theorie entwickelt. Für die Atome forderte er, daß sie unveränderlich, an Gewicht und Gestalt für jedes Element spezifisch und in Verbindungen unverändert seien. Als Konsequenz daraus müssen Atome sich in bestimmten, ganzzahligen Verhältnissen zu Verbindungen vereinigen und das Gewicht der Verbindung als Summe der Atomgewichte erscheinen, wobei die Verhältniszahlen der Atome für eine Verbindung stets konstant sein müssen. In der Aneignung dieser Theorie bestand für Davy die Schwierigkeit in seiner Auffassung von den Atomen. Er stand einer Anschauung nahe, die im 18. Jahrhundert auf Newton zurückgehend der Jesuitenpriester Ruder Bošković entwickelt hatte. Danach sollen die Atome Punktmassen sein, die von anziehenden und abstoßenden Kräften umgeben sind. Letztere bilden die Ursache für alle chemischen und physikalischen Eigenschaften der Atome und vor allem ihrer Verbindungen. Für Dalton aber steht das Atomgewicht als entscheidende Größe im Vordergrund. Dieser Un-

terschied in der Auffassung von Atomen hat dazu geführt, daß
Davy die Theorie Daltons nie in vollem Umfang akzeptiert hat.
Andererseits hat Davy aber sein auf Boškovič fußendes Konzept
hinsichtlich der Auffassung von den Atomen nie ausführlich dar-
gelegt, sondern nur in seinem Notizbuch um 1815 fixiert.

Die Wahl der Vortragsthemen ebenso wie die der Forschung
stand Davy nicht völlig frei, sondern wurde vom Verwaltungsrat der Royal Institution vorgeschrieben. Meist waren die Themen für Vorlesungen oder Versuchsreihen aus Problemen bei
der praktischen Anwendung chemischer Kenntnisse abgeleitet,
die im Laufe der industriellen Entwicklung in England auftraten.
Die Verwaltung trug damit den Erfordernissen der Zeit Rech-
nung. Und es sollte andererseits auch durch die Arbeiten der
Royal Institution Anregungen für die Praxis geben.

So erhielt Davy den Auftrag, eine Vorlesungsreihe über Chemie
für Landwirte zu halten, in denen er das Wissen seiner Zeit zu-
sammenfaßte und einem breiten Publikum erschloß. Zehn Jahre
lang trug er über diesen Gegenstand vor und wiederholte die
Vorlesung zweimal in Dublin, was ihm hier nicht nur ein an-
sehnliches Honorar, sondern auch die Ehrendoktorwürde der
Universität Dublin einbrachte. Diese Vorlesungen erschienen 1813
als Buch mit dem Titel „Elements of Agricultural Chemistry".
Es enthält keine neuen Entdeckungen, sondern nur Davys kri-
tische Darstellung des Wissens seiner Zeit auf diesem Gebiet.
Nach einem Abriß der Mineral- und Pflanzenchemie – wozu man
heute einfach anorganische und organische Chemie sagen würde –
diskutiert er die Zusammensetzung der Pflanzen und deren Auf-
nahme organischer Nährstoffe. Letztere sollen meist organischer
Natur sein und aus dem Erdboden stammen. In der deutschen
Ausgabe des Buches, die 1814 in Berlin [A5] erschien, hat Al-
brecht Thaer im Vorwort unter Hinweis auf die Auffassung
Davys zur Nährstoffaufnahme bemerkt:

Er [Davy – L. D.] hat sich aber nicht dem luftigen Fluge in die Wolken wie
einige neuere deutsche Naturforscher überlassen, ohngeachtet gerade seine
Entdeckungen ihn wohl dazu hätten verleiten können. Er ist in diesem Werke
– ich möchte sagen – fast gar zu erdig.

Im Gegensatz zu den Vereinigten Staaten, wo das Buch eine
weite Verbreitung fand, [14] hatte es in Deutschland keinerlei
Auswirkung, was möglicherweise auf die heftige Kritik Thaers

in besagtem Vorwort an den deutschen Chemikern zurückzuführen ist. Es sollte noch ein Vierteljahrhundert vergehen, ehe mit Justus Liebig ein berühmter Chemiker sich der „Agrikulturchemie" annahm. Bis dahin mußten sich die Gelehrten den Vorwurf gefallen lassen, sie wollten sich wohl die Finger nicht schmutzig machen.

Davy dagegen ging in den praxisorientierten Forderungen an seine Forschungen auf, um mit ihnen auch seine Vielseitigkeit zu beweisen. So bearbeitete er Probleme der Gerbereitechnik, und für ihn, der noch nie eine Gerberei gesehen hatte, war ein dreimonatiges Kennenlernen an Ort und Stelle Voraussetzung seiner Arbeit.

Die Auswirkungen der praxisbezogenen Arbeit an der Royal Institution zeigten sich nicht nur bei Davy, sondern auch bei einem weiteren Mitarbeiter des Hauses: Friedrich Accum. Er ist fast gleichzeitig mit Davy als „Assistent Chemical Operator" 1801 an die Royal Institution gekommen, hat sie jedoch schon 1803 nach Rumfords Weggang wieder verlassen. Accum arbeitete, wie eine Beschreibung der Versuchsanordnungen Davys vermuten läßt, zumindest teilweise mit Davy zusammen. Er hat sich dann neben Murdock um die Entwicklung der Gasbeleuchtung in England verdient gemacht. Sein Buch „A Practical Treatise on Gaslight" übersetzte Lampadius ins Deutsche, der wiederum als erster auf dem europäischen Kontinent die Gasbeleuchtung in Halsbrücke bei Freiberg einführte. Ab 1820 wirkte Accum als Professor an der Bauakademie und am Gewerbeinstitut in Berlin, wo mit englischer Unterstützung 1827 die erste deutsche Gasanstalt gebaut wurde.

Davy versuchte sich weiterhin mit Mineralanalysen und chemischen Untersuchungen für die Metallurgie, doch zeigte es sich, daß er kein „geborener" Analytiker war. Dennoch boten seine Arbeiten einige methodische Neuigkeiten wie z. B. den Borax-Aufschluß von Mineralien, Volumenkorrekturen bei der Maßanalyse. Die erstgenannte Entwicklung wurde 1805 mit der Copley-Medaille bedacht, der höchsten und ältesten Auszeichnung der Royal Society, deren Mitglied Davy bereits 1803 geworden war.

Gleiche Würdigung fanden aber nicht jene Versuche, die Davy 1802 mit seinem Freund Thomas Wedgwood an der Royal Institution anstellte. Durch auf Papier oder Leder aufgebrachtem Silbernitrat oder Silberchlorid [15] versuchten sie, mit einer camera obscura oder einer einfachen Beleuchtung photographische Bilder zu erzeugen. Leider gelangt Davy eine Fixierung der Bilder nicht, obwohl Scheele schon die Umsetzung von Silberhalogeniden mit Ammoniak beschrieben hatte. Während die ersten photographischen Versuche auf den Hallenser Arzt Johann Heinrich Schulze zurückgehen, ist Davy der erste gewesen, der eine Mikrophotographie – hier noch mit Hilfe eines Sonnenmikroskops – hergestellt hat. Entgegen einer Ankündigung hat Davy dieses Arbeitsgebiet jedoch sofort nach der Publikation der Versuche wieder verlassen.

Davy war zu jener Zeit, gerade 26jährig, schon unter Wissenschaftlern ebenso wie in den Londoner Salons geachtet. Für seinen sich ausbreitenden Ruhm war es günstig, daß er mit einer schnellen Auffassungsgabe ausgestattet war, was ihn bald in den Ruf eines Genies brachte, das er ja auch tatsächlich war. Seine geistige Wendigkeit gestattete ihm eine kurze Vorbereitung von Vorträgen, die er pflichtgemäß oft halten mußte. Mit seiner Auffassungsgabe gelang es ihm, beim flüchtigen Lesen von Büchern auch wirklich deren wesentlichen Inhalt zu erfassen. Im Laboratorium verliefen ihm die Experimente oft zu langsam. Er betrieb mehrere gleichzeitig, baute rücksichtslos Meßanordnungen um und ließ sein Laboratorium in einem Zustand, den besorgte Zeitgenossen als ziemlich liederlich bezeichneten. Fehler in Versuchsprotokollen korrigierte er mit einem in Tinte getauchten Finger, wodurch die Seiten seines Laborbuches mit Klecksen überzogen sind. Welch intensiven Arbeits- und Lebensstil Davy an den Tag legen konnte, sollten seine Forschungen auf elektrochemischem Gebiet zeigen, die er nach fünfjähriger Pause endlich wieder aufnehmen konnte, als seine Arbeiten an der Royal Institution das zuließen.

Elektrochemische Untersuchungen

Die Forschungen zur Theorie und Anwendung der Elektrizität im 18. Jahrhundert gipfelten in dessen letztem Jahr mit der Erfindung der „Voltaschen Säule", die Allessandro Volta in einem

Brief vom 20. März 1800 an Sir Joseph Banks erstmals bekannt gegeben hatte. Mit der Veröffentlichung dieses Briefes in den Philosophical Transactions der Royal Society brach in vielen Ländern Europas eine Lawine von Forschungsarbeiten los, die die Wirkungen der „strömenden Elektrizität" zum Gegenstand hatten. Die Vielzahl der Ergebnisse solcher Forschungen in den ersten 10 Jahren des 19. Jahrhunderts verdeutlichen ebenso wie die dabei erzielten Entdeckungen den qualitativen Fortschritt, der mit der neuartigen Stromquelle nun in wissenschaftlichen Untersuchungen erreicht wurde. Bis zum Jahre 1800 war es lediglich möglich gewesen, mit statischer Elektrizität zu experimentieren. [16] Die „Voltasche Säule" bot nicht nur die Möglichkeit für vielfältige elektrochemische Untersuchungen an Stoffsystemen, sondern sie war selbst Gegenstand zahlreicher Forschungen. Während das Auftreten einer positiven und negativen Elektrizität durch Lichtenberg theoretisch begründet worden war, stand nun die Frage im Mittelpunkt, warum die „Voltasche Säule" überhaupt einen elektrischen Strom liefert.

Forschungen zur Theorie und Anwendung der so interessanten Säule, die Volta dem „elektrischen Organ" des Zitteraals nachgebaut hatte, waren auch das Betätigungsfeld für Davy, der in einem Brief an Gilbert [B2, Bd. 1, S. 85–88] vom 3. Juli 1801 bereits ein Interesse an der Voltaschen Entdeckung bekundet hatte. Unterstützt wurde Davy auch durch Beddoes, der die Ergebnisse galvanischer Experimente gern für seine medizinischen Forschungen anwenden wollte.

So ist Davy im letzten Jahr seiner Bristol-Zeit mit Arbeiten an der Voltaschen Säule beschäftigt, die er in sechs Publikationen niederlegt. Er untersucht ebenso wie Nicholson und Carlisle sowie Ritter in Deutschland die Zersetzung des Wassers durch den elektrischen Strom und findet für die Mengen des entstehenden Wasser- und Sauerstoffs ein Verhältnis von 2:1, was mit dem bei der Herstellung von Wasser aus den Elementen gefundenen Wert übereinstimmt. Überrascht bemerkt er, daß die Zersetzungsprodukte des Wassers die gleichen bleiben, wenn Salze in dem zu elektrolysierenden Wassers gelöst werden. In weiteren Versuchen setzt Davy Holzkohle als Elektrodenmaterial in der Voltaschen Säule ein. Diesen ersten Experimenten mit Kohleelektroden in galvanischen Elementen folgten später jene Bunsens.

Die so früh begonnenen elektrochemischen Untersuchungen werden durch Davys Berufung an die Royal Institution unterbrochen. Während außer Nicholson und Carlisle auch William Cruikshank mit einer verbesserten Säule und ersten Abscheidungen von Metallen sowie der Konstruktion seines Trogapparates, Haldane mit Versuchen im Vakuum, William Hyde Wollastone mit Experimenten an Metallelektroden sowie Johann Wilhelm Ritter mit zahlreichen Versuchen zur Zerlegung des Wassers und der Metallsalze aufwarten konnten, waren Davy zunächst – von anfäng-

4 Davys Gerätschaften für elektrochemische Versuche. Im Hintergrund eine Batterie, rechts und links Elektrolysiergefäße mit Elektrodenhalterungen. (Mit freundlicher Genehmigung der Royal Institution, London)

lichen Experimenten abgesehen – die Möglichkeiten für weiterführende elektrochemische Untersuchungen genommen. Zwar versuchte er bereits in seinen ersten Vorträgen, die er ab April 1801 an der Royal Institution hielt und die dem Galvanismus gewidmet waren, das allgemeine Interesse an elektrochemischen Untersuchungen zu wecken, doch die praxisbezogenen Forschungen hatten, wie bereits geschildert, andere Themen zum Inhalt.

Erst 1806 gelang es Davy, sich erneut elektrochemischen Versuchen zuzuwenden, sicher auch angeregt durch die Möglichkeit, die Ergebnisse in einer Bakterian-Lecture von der Royal Society vortragen zu können, einer Auszeichnung, die durch die Stiftung von Henry Baker alljährlich einem Wissenschaftler der Royal Society zuteil wurde, der als Naturwissenschaftler für die Darstellung von neueren Ergebnissen seines Fachgebietes kompetent war. In der am 20. November 1806 gehaltenen Bakerian-Lecture „On some chemical Agencies of Electricity" [A11, S. 3–49] („Über einige chemische Wirkungen der Elektrizität") hat Davy unter Betonung der eigenen Arbeiten eine Übersicht zu den bisherigen Ergebnissen der elektrochemischen Forschung gegeben.

Im ersten Teil dieses Vortrags geht Davy nochmals auf die Elektrolyse des Wassers ein. Die Bemühungen um die Klärung der Zusammensetzung des Wassers haben ihren Ausgangspunkt in den Arbeiten Lavoisiers, der die Zusammensetzung des Wassers durch Synthese und Analyse bestimmt hatte und so einen Grundpfeiler seiner Verbrennungstheorie schuf. Zwar war durch Deiman und Paets van Troostwijk 1789 die Zerlegung des Wassers durch statische Elektrizität ermöglicht und ein Argument der Phlogistiker, daß das Wasser bereits im Sauer- oder Wasserstoff enthalten sei, entkräftet, doch blieb in den ersten Arbeiten von Nicholson und Carlisle, Ritter sowie Davy neben der richtigen Bestimmung des Volumenverhältnisses von Sauer- und Wasserstoff die Ursache für das Auftreten saurer und alkalischer Stoffe an den Elektroden zu klären. Davy bemühte sich nun um die Reinheit der verwendeten Lösungen und Versuchsgefäße und eröffnete damit das bis heute andauernde Ringen der Elektrochemiker um eine ausreichende Reinheit von Lösungen, Elektroden und Elektrodengefäßen zur exakten Messung elementarer Vorgänge an Elektroden. Davy benutzte destilliertes Wasser und Gefäße aus Gold und konnte so zeigen, daß die saure bzw. alkalische Reaktion an den Elektroden auf Verunreinigungen zurückzuführen ist. Die Zusammensetzung des Wassers ausschließlich aus Sauerstoff und Wasserstoff war damit auch durch die Elektrolyse bewiesen. Ähnliche Ergebnisse über den Einfluß der Reinheit des Wassers hatten bereits vorher der Berliner Physiker Simon [17] sowie Jöns Jakob Berzelius und Wilhelm Hisinger [18] bewiesen. Erst mit Davy nahm die wissenschaftliche Welt diese Auffassung an, wobei Davy mit der Durchsetzung seiner Anschauungen und Experimente von der Tatsache profitierte, daß er im Gegensatz zu Simon und Berzelius in einem wissenschaftlichen und geistigen Zentrum Europas seine Arbeiten vorstellen und somit wirklich bekannt machen konnte, ein Umstand, auf den auch Volta bei der Vorstellung seiner Säule zurückgegriffen hatte.

Im zweiten Teil der Bakerian-Lecture legt Davy Ergebnisse zur Zersetzung von Salzlösungen vor. Er verwendet, angeregt durch Lichtenbergs Auffassung „von der positiven und negativen Elektrizität", die Begriffe positiv-elektrisierte Elektrode für die Anode und negativ-elektrisierte Elektrode für die Kathode (die heutige Terminologie der Elektrochemie wird erst 30 Jahre später von Michael Faraday, seinem Schüler, geschaffen). Die Tatsache, daß sich an ersterer stets die Säure, an letzterer stets die Lauge bildet, sollte der Ausgangspunkt der elektrochemischen Theorie von Berzelius werden. Davy findet neben bisher schon Bekanntem, daß in gesättigten Lösungen die elektrochemischen Umsetzungen schneller erfolgen, was ihn später zu Salzschmelzen übergehen läßt.

Der dritte Abschnitt befaßt sich mit der – nach heutiger Bezeichnung – Ionenwanderung in Lösungen. Davy findet die Wanderung der gelösten Stoffe zwischen den Elektroden, indem er z. B. beim Zwischenschalten eines Gefäßes mit einer Bariumhydroxidlösung zwischen zwei Elektrolysiergefäße mit Schwefelsäure einen Bariumsulfatniederschlag beobachtet. Seine Ergebnisse lassen sich vom heutigen Stand der Kenntnisse der Ionentheorie leicht erklären, doch zeigen diese ersten Experimente Davy auf der Suche nach Erklärungen für den Stofftransport in der Lösung, einer Problematik, der nahezu gleichzeitig Theodor Grotthus mit seinem Modell der Wasserketten beizukommen suchte.

Das vierte Hauptkapitel des Vortrages stellt den Versuch dar, die theoretischen Grundlagen der Chemie hinsichtlich der Bildung chemischer Verbindungen, das Gebiet der Verwandtschaftslehre, aus dem elektrochemischen Verhalten der Stoffe heraus zu erklären. Diese Gedankengänge sind in der so jungen Elektrochemie keineswegs neu, hatten doch Christoph Heinrich Pfaff ebenso wie Ritter die Tatsache herausgestrichen, daß die Voltasche Spannungsreihe mit den auf verschiedene Weise erhaltenen Verwandtschaftstabellen der Stoffe identisch ist und somit zwischen beiden ein Zusammenhang bestehen müsse. Davy stellt einen solchen Zusammenhang als Postulat hin, und er will aus der „Intensität und Menge" der Elektrizität einer Voltaschen Säule eine quantitative Angabe über die „elektrischen Kräfte der Körper" finden, d. h. quantitative Aussagen über Ladung und Redox-Eigenschaften der einzelnen Stoffe zu finden, eine Aufgabe, der sich Faraday später vor allem unter dem ersten Aspekt widmet und so die wissenschaftlichen Grundlagen der Elektrochemie schafft. Für Davy ergibt sich die Konsequenz, daß man mit der Voltaschen Batterie eine potentielle Möglichkeit besitzt, jeden zusammengesetzten Stoff zu zerlegen. Dieses Konzept, das hier noch nicht ausformuliert ist, soll sich bald in seinen weiteren Arbeiten als äußerst fruchtbar erweisen.

Ein letzter Punkt der Bakerian-Lecture ist die damals strittige Frage nach den Ursachen der Wirkung einer Voltaschen Säule. Die Gelehrten jener Zeit sind in ihrer Meinung in zwei Parteien gespalten. Die einen stehen hinter Voltas Kontakttheorie, die als Ursache für den freiwilligen Stromfluß den Kontakt verschiedener Metalle angibt und experimentell auf dem Voltaschen Grundversuch beruht, der eine Ladungstrennung beim Berühren zweier verschiedenartiger Metallflächen hervorbringt. Die andere Seite vertritt die chemische Theorie Fabbronis, die in den chemischen Reaktionen des Lösungsmittels an den Metalloberflächen die Ursache für das Funktionieren der Voltaschen Säule sieht. Davy bezieht dabei eine Mittelstellung zwischen beiden Theorien, [19] nicht etwa auf einen Ausgleich der beiden konträren Standpunkte bedacht, sondern weil ihm die Argumente beider Theorien nicht stichhaltig genug sind. Er unterscheidet zwischen der „power of action" und „permanent action" einer Voltaschen Säule, was in heutiger Terminologie als „Spannung" und „Strom" einer Batterie bezeichnet werden könnte. Für erstere gibt Davy eine Kondensatorwirkung ähnlich der bei einer Leydener Flasche an, während für den Stromfluß chemische Vorgänge verantwortlich sein sollten. Davy unterscheidet einen Gleichgewichtszustand an Elektroden, der durch die Eigenschaften der Metalle entsprechend der Kontakttheorie verändert wird. Er fordert auch als Konsequenz der Erklärung des Stromflusses die Anwesenheit von Wasser in der Säule, denn in logischer Konsequenz der Kontakttheorie könnte man auf Wasser verzichten, was dann experimentell immer wieder versucht wurde und wegen der schlecht reproduzierbaren Ergebnisse Verwirrung stiftete.

Davy hielt zeitlebens an seiner Theorie fest und versuchte sie weiter auszubauen. Sie gestattete ihm eine hinreichende Erklärung des vorliegenden experimentellen Materials zu den Vorgängen während der Elektrolyse. Er nahm an den beiden Polen (Elek-

troden) eine der Ladung der Batterie umgekehrte elektrische Auf-
ladung der Lösung an, wobei zwischen beiden geladenen Zonen
eine neutrale auftritt. Diese Ladung der Lösung führt zu Zer-
setzungen, die schließlich die elektrochemischen Reaktionsprodukte hervorbringen. Die Fortführung der Ideen Davys sollte
Faraday zur Aufstellung der nach ihm benannten Gesetze führen und somit endgültig Maß, Zahl und Gewicht in die Elektrochemie bringen.
Zunächst einmal brachte Davys erste Bakerian-Lecture dem Autor internationales Ansehen. Seine Bestandsaufnahme der wissenschaftlichen Grundlagen der Elektrochemie, die Brillianz der
experimentellen Arbeiten ebenso wie die weitreichende Wirkung
seiner theoretischen Betrachtungen war Grund genug, Davy mit
jener goldenen Medaille des Institute de France auszuzeichnen,
die Napoleon bald nach Voltas Erfindung gestiftet hatte, um die
Erforschung und Anwendung des Galvanismus zu fördern. Die
Annahme der Auszeichnung brachte Davy allerdings in Schwierigkeiten. England befand sich mit Frankreich im Krieg, und so
legten ihm offizielle Kreise nahe, auf die Medaille zu verzichten.
Davy folgte diesen Überlegungen nicht, konnte die Medaille aber
erst 1813 persönlich in Empfang nehmen.
Von der Royal Society war er Anfang 1807 zu einem der drei
Sekretäre ernannt worden und nahm in der wissenschaftlichen
Welt Englands einen geachteten Platz ein.
Elf Monate später, am 21. November 1807, durfte Davy seine
zweite Bakerian-Lecture halten, die geradezu sensationelle Entdeckungen zum Inhalt hatte, welche Davy in den vorangegangenen
zwei Monaten gemacht hatte. Ausgehend von seinem Konzept,
daß sich die chemischen Bindungen wegen ihrer elektrischen
Natur durch eine Elektrolyse unter geeigneten Bedingungen auf-
brechen lassen, versuchte Davy der schon von Lavoisier ausge-
sprochenen Vermutung nachzugehen, daß sich die „fixen Alka-
lien" (Alkalisalze) in Elemente zerlegen lassen. Anfängliche Versuche, auch mit konzentrierten wäßrigen Lösungen, schlugen fehl.
Erst als er in geschmolzenen Salzen auf einem Platinlöffel als
Anode und Elektrolysiergefäß arbeitete, entstanden an der Kathode Metallkügelchen. Davy war sich sofort bewußt, daß es
sich dabei um ein Element handeln mußte. Wie sein Cousin Ed-
mund Davy, der ihm assistierte, berichtet, geriet Davy bei die-

sem Ergebnis derart in Ekstase und tanzte im Laboratorium, daß
er erst nach einer halben Stunde seine Versuche fortsetzen konnte.
Nun arbeitete er fieberhaft, schmolz Pottasche oder Soda und be-
stimmte die chemischen und physikalischen Eigenschaften der
Metalle. Als Bezeichnung der Elemente führt er abgeleitet von
Pottasche (K_2CO_3) und Soda (Na_2CO_3), die Namen „Potassium"
und „Sodium" ein, die noch heute im englischsprachigen Raum
verwendet werden, während die deutschen Bezeichnungen Kalium und Natrium von Ludwig Gilbert bzw. Berzelius stammen.

Mit großer Intensität führt Davy seine Versuche weiter, weist
Sauerstoff in der Kali- und Natronlauge nach (aber auch im
Ammoniak, was erst später von anderen korrigiert wird) und hält
den Sauerstoff als für Laugen charakteristisch. Damit steht er im
Gegensatz zu Lavoisier, der den Sauerstoff als Charakteristikum
der Säuren postuliert. Die Reaktion der französischen Chemiker
auf eine solche Behauptung wird nicht lange auf sich warten lassen. Für sie können Natrium und Kalium keine Elemente sein,
sondern nur Verbindungen, und Davy steht eine wissenschaftliche
Auseinandersetzung bevor.

Aus Analogiegründen wendet er sich den Salzen des Bariums,
Strontiums, Calciums, Magnesiums und Berylliums sowie dem
Aluminiumoxid und Siliziumdioxid zu, doch haben seine elektrolytischen Versuche zur Darstellung der Elemente zunächst keinen Erfolg.

Die fieberhafte experimentelle Arbeit, die höchstens durch den
Besuch einer Abendgesellschaft und wenige Stunden Schlaf unterbrochen wird, bringt Davy an den Rand des Zusammenbruchs.
Mit letzter Kraft hält er seine sensationelle Vorlesung, dann
versagt ihm sein Körper den Dienst. Nach diesen Anstrengungen
wirft ihn eine völlige Erschöpfung nieder. Wochenlang liegt er
todkrank im Bett; seine Freunde und das wissenschaftliche Publikum der Royal Institution bangen um ihn. Im März 1808 ist
er soweit wiederhergestellt, um Vorlesungen halten und – fast
zwei Monate später – sich der experimentellen Arbeit wieder
widmen zu können, denn er will ins Laboratorium zurückkehren,
um selbst die Früchte zu ernten, die er mit seiner zweiten Bakerian-Lecture hat reifen lassen.

Der Vortrag war Anfang 1808 in den Philosophical Transactions der Royal Society erschienen, und schon gingen in Paris Joseph Louis Gay-Lussac und Louis Jaques Thenard sowie in Stockholm Berzelius daran, Davys Versuche nachzuarbeiten. Bald gelingt den ersten beiden die Darstellung von Kalium und Natrium durch Glühen der Hydroxide mit Eisenspänen und mit Kohle. Es war nur eine Frage der Zeit, wann diese Forscher jene Wege beschritten, die Davy am Ende seiner Bakerian-Lecture vorgezeichnet hatte: die Zerlegung der Erdalkalioxide, von Aluminiumoxid und Siliciumdioxid, die Analyse der Salz-, Fluß- und Borsäure, die Anwendung der Alkalimetalle in chemischen Reaktionen und die Nutzung der Erkenntnisse aus den voranstehenden Untersuchungen für die Lösung geologischer Probleme. Weiterhin muß er die Angriffe von Gay-Lussac und Thenard durch Experimente abwehren, die bei ihrer Darstellung von Kalium und Natrium glaubten gefunden zu haben, daß beide Elemente noch Wasserstoff enthielten und deshalb keine seien, womit Lavoisiers Säuretheorie wieder im Lot war.

Als Davy Ende April 1808 wieder zu experimentieren beginnt, wendet er sich sofort den Erdkalioxiden zu. Eine Isolierung der Erdkalimetalle schlägt zunächst fehl. Erst als er Quecksilber als Kathodenmaterial verwendet und so die Amalgame herstellt, ist die Darstellung der Metalle möglich, die nun durch Abdestillation des Quecksilbers gewonnen werden können. Dieses Verfahren, das ihm Berzelius brieflich vorgeschlagen hatte, war sowohl von Berzelius und dessen Freund Magnus Pontin als auch von Thomas Johann Seebeck in Deutschland ausgearbeitet worden. Zwar sind die erhaltenen Metalle noch zu unrein, um exakt beschrieben werden zu können, doch sichert sich Davy die Priorität des Entdeckers und schlägt die Bezeichnungen Barium, Strontium, Calcium und Magnium (später Magnesium) vor. Die Zersetzung von Tonerde (Al_2O_3) und Kieselsäure (SiO_2) glückt nicht, so daß sich Davy mit der Namensgebung für die Metalle (Aluminium und Silicium) begnügen muß. Elektrolysen von ammoniakalischen Lösungen liefern das Amalgam des Ammoniaks, dem Davy glaubt die Struktur eines Metalloxids (in Analogie zu den Alkali- und Erdalkalioxiden) zuschreiben zu müssen und dem er den Namen „Ammonium" gibt. Während die Strukturvorstellung bald durch Arbeiten anderer aufgegeben werden mußte, blieb die Bezeichnung bestehen.

Diese Forschungsergebnisse trug Davy Mitte 1808 der Royal Society vor. Es scheint schon selbstverständlich, daß Davy auch die diesjährige Bakerian-Lecture übertragen wird, und als er sie am 15. Dezember hält, macht sich Enttäuschung im Auditorium breit. An die Sensation des Vorjahres kann er verständlicherweise nicht anknüpfen. Er trägt eine Vielzahl von experimentellen Resultaten vor, doch ein herausragendes fehlt. Zwar hat er elementares Bor in den Händen und gilt somit wie Thenard als dessen Entdecker, aber er ist sich der Tatsache nicht vollauf bewußt. Ferner weist Davy nach, daß der bei der Reaktion von Kalium und Ammoniak entstehende Wasserstoff nicht aus dem Kalium, sondern aus dem Ammoniak stammt, womit er Gay-Lussac und Thenard widerlegt. Dabei hat er auch durch Umsetzung von metallischem Kalium mit sehr reinem Ammoniak Kaliumamid dargestellt, doch diese Substanz entgeht ihm.

Auch seine vierte Bakerian-Lecture ist wenig sensationell. Davy läuft der Idee nach, Stickstoff zu zerlegen, bestätigt den elementaren Charakter der Alkalimetalle und findet nebenbei Tellurwasserstoff, wobei er Analogien zwischen Tellur und Schwefel bemerkt. Auch hat er schon jene übelriechende Arsenverbindung Kakodyloxid unter den Händen, die bei einer näheren Untersuchung 30 Jahre später Robert Bunsen fast das Leben kostet.

Davys langwierige Krankheit nach seiner zweiten Bakerian-Lecture hatte eine positive Seite. Das allgemeine Mitleid mit ihm ebenso wie das Interesse an der Wissenschaft ausnutzend, wird eine öffentliche Sammlung für eine große Batterie veranstaltet, die Davy für neuartige Untersuchungen zur Verfügung gestellt wurde, in denen die chemische Kraft der Elektrizität erprobt werden soll. 1809 ist die Batterie im Keller unter dem Vorlesungssaal der Royal Institution fertiggestellt. Voll Stolz berichtet Davy von seinem neuen Apparat und den unerwarteten Entdeckungen:

Der mächtigste Apparat, den es giebt, und in welchem eine Menge von Abtheilungen verbunden sind, so daß die Oberfläche vergrößert wird, ist der in dem Laboratorium der Royal Institution, der durch Subscription einiger eifriger Verehrer und Gönner der Wissenschaft zu Stande gebracht wurde. Er besteht aus 200 regelmäßig mit einander verbundenen Trögen. Jeder Trog enthält zehn Plattenpaare, die in Abtheilungen von Porzellan eingesetzt sind, und von denen jedes Plattenpaar 32 Quadratzoll Oberfläche darbietet. Die Gesammtzahl der Plattenpaare beträgt also 2 000 und die ganze Oberfläche enthält 128 000 Quadratzoll. Wenn die Tröge mit 60 Theilen Wasser, das mit einem Theil Salpetersäure und einem Theil Schwefelsäure gemischt ist, angefüllt werden, so bewirken sie eine Reihe glänzender und staunenswürdiger Erscheinungen. Wenn man Stücke Holzkohle von ungefähr einem Zoll Länge und $\frac{1}{6}$ Zoll Dicke einander bis auf $\frac{1}{3}$ bis $\frac{1}{4}$ Zoll nahe brachte, so entstand ein heller Funken und die Kohle gerieth bis fast zur Hälfte ihrer Masse in Weißglühhitze; entfernte man sie voneinander, so fand eine fortwährende Entladung durch die erhitzte Luft statt, auf einen Zwischenraum von wenigstens 4 Zoll und in Form eines überaus glänzenden, breiten und in der Mitte kegelförmigen Lichtbogens. Brachte man eine Substanz in diesen Lichtbogen, so gerieth sie sogleich ins Glühen; Platina schmolz darin wie Wachs an einer gewöhnlichen Kerze; Quarz, Sapphir, Magnesia, Kalk, alles schmolz; kleine Stückchen Diamant, Splitter von Holzkohle und Reißblei verschwanden augenblicklich und schienen darin zu verdunsten, selbst wenn das Experiment in einer von Luft entleerten Glocke der Luftpumpe angestellt wurde; doch konnte man nicht wahrnehmen, daß sie vorher schmolzen. [20]

Davy sieht im elektrischen Lichtbogen weniger die Lichtquelle als vielmehr die Wärmequelle, die er sofort zu chemischen Umsetzungen ausnutzt. Die Anwendung der Elektrizität für chemische Reaktionen stellt sich ihm dabei nur in modifizierter Form dar. Wenn er später diese Möglichkeit nicht stärker ausnutzt, dann vor allem deshalb, weil ihm eine solche leistungsfähige Batterie nicht zur Verfügung steht.
Mit der Eröffnung des Entwicklungsweges zur Lichtbogenlampe und zum elektrischen Schmelzofen findet Davys Forschen im Bereich der chemischen Wirkungen der Elektrizität vorerst einen Abschluß. Erst 14 Jahre später wird er sich noch einmal der angewandten Elektrochemie widmen.

Die Halogene

Bereits in der zweiten Bakerian-Lecture hatte Davy sich an der Zerlegung der Salzsäure sowie der Flußsäure versucht. Die Beschäftigung mit beiden Säuren war wissenschaftlich lukrativ, da deren genaue Zusammensetzung bisher nicht aufgeklärt war und man nach Lavoisier beide für saure Oxide unbekannter Elemente hielt. Scheele hatte durch Oxidation der Salzsäure 1774 ein gelbgrünes Gas erhalten, das als eine Verbindung von Salzsäure mit Sauerstoff betrachtet wurde. Für die Zerlegung von Stoffen benutzte Davy nun nicht Kalium, sondern den soeben erfundenen

Lichtbogen, in den er sowohl das „salzsaure Gas" als auch jenes gelbgrüne Oxidationsprodukt brachte, wobei beide keine Veränderung erfuhren. Auch durch Funkenschlag ließ sich letzteres nicht zerlegen und lieferte bei chemischen Umsetzungen in Abwesenheit von Wasser keine sauerstoffhaltigen Verbindungen, wie die Reaktionen mit Zinn, Ammoniak und Phosphor zeigten. Immer wieder sann Davy auf Experimente, die seine Vorstellung beweisen könnten: Hier ist kein Sauerstoff vorhanden. Da eine Zerlegung des gelbgrünen Gases nicht gelang, so mußte es sich um einen Stoff elementarer Natur handeln. Scheeles „dephlogistierte Salzsäure" bezeichnete er mit „Clorine", (von „chloros" – gelbgrün), was Gay-Lussac später auf Chlore verkürzte und für das der Deutsche Schweigger den Gegenvorschlag Halogen einbrachte, der sich später als Gruppenname für alle analogen Elemente hielt. Aus der von Cruikshank sowie von Gay-Lussac und Thenard beobachteten Tatsache, daß sich Wasserstoff mit Scheeles „dephlogistierter Salzsäure" zu Salzsäure verbindet, ließ sich nun auch deren Zusammensetzung als Chlorwasserstoff angeben.

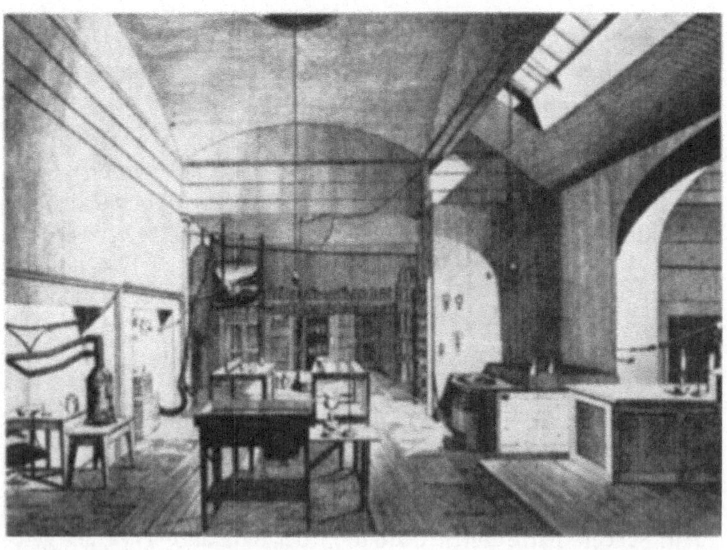

5 Davys Laboratorium an der Royal Institution. Die vorbildliche Ordnung weist darauf hin, daß Davys Nachfolger W. T. Brande hier bereits eingezogen ist.

Davy setzte seine Versuche mit Chlor in breitem Maße fort und arbeitete über Chloride des Phosphors sowie deren Reaktionsprodukte. Sein Umgang mit Chlorstickstoff, auf welchen Ampère ihn brieflich aufmerksam gemacht hatte, hatte drastische Folgen. Der explosive Stoff führte bei Versuchen im Laboratorium seines Freundes Children zu einer Detonation, die ihn an einem Auge schwer verletzte, daß sich die Heilung mehrere Monate hinzog.

Nach seiner Genesung nahm Davy auch die früheren Versuche mit Flußsäure wieder auf. Deren Reindarstellung war wegen der Reaktionen mit Glas längere Zeit nicht gelungen, und erst umfangreiche Arbeiten Scheeles sowie Carl Friedrich Wenzels in Deutschland hatten zu siliciumfreier Flußsäure geführt. Auch Davy gelang 1807 die Reindarstellung noch nicht vollständig. Seinen Versuch der Umsetzung der Flußsäure mit Kalium wiederholten Gay-Lussac und Thenard mit einer reinen Säure und fanden eine explosionsartige Wasserstoffentwicklung. Ampère schrieb bald der Flußsäure eine ähnliche Zusammensetzung (also ohne Sauerstoff) zu, wie sie Davy für die Salzsäure angab. Ampère, der als einer der ersten Chemiker Frankreichs Davys Auffassungen vom Chlor teilte, versuchte Davy brieflich von seiner Idee zu überzeugen, der sich Davy auch bald anschloß. Er seinerseits stellte in Versuchen außer Zweifel, daß die Flußsäure keinen Sauerstoff enthält. Eine Elektrolyse der wasserhaltigen Flußsäure brachte keine Zerlegung, sondern nur die Zerstörung der Platinanode. Erst 75 Jahre später sollte Henri Moissan jenes Element durch Elektrolyse in wasserfreier Flußsäure isolieren, dem Davy auf Ampères Vorschlag hin den Namen „Fluorine" schon vorher gegeben hatte. Die spätere Umbenennung in Phtor durch Ampère hat sich nur im Russischen erhalten.

Der elementaren Natur eines dritten Halogens ist Davy einige Monate später, während seines Paris-Aufenthaltes nachgegangen, doch hierbei gab es weniger wissenschaftliche als menschliche Konflikte, die bei der Beschreibung jener Reise näher geschildert werden sollen. Dem Brom als weiterem Halogen ist Davy nie auf der Spur gewesen. Auch Justus von Liebig ist das Element entgangen, der ein Fläschen mit dem ihm unbekannten Brom in seinem Chemikalienschrank hatte, als er die Publikation des Entdeckers Antoine Jerome Balard erstmals in den Händen hielt. Er ist damit um die Entdeckung eines einzigen Elementes gekommen. Davy hat die Priorität der Entdeckung für so viele Elemente wie kein zweiter Forscher vor und nach ihm. Während Davys Auffassung vom Chlor und der Salzsäure sich bald überall durchsetzte, blieb ein hartnäckiger Widersacher: Berzelius. 1812 hatten beide Gelegenheit, sich näher kennenzulernen, als Berzelius in London weilte.

Zu jener Zeit traten in Davys privatem und wissenschaftlichem Leben tiefgreifende Veränderungen ein. Davy näherte sich dem Gipfel seines Ruhms, wodurch sich nun auch zahlreiche Ehrungen einstellten, die ihm seinen lang gehegten Wunsch nachzugehen gestatteten, als unabhängiger Forscher zu leben. Die vielfältigen Verpflichtungen an der Royal Institution waren zwar anfangs recht interessant, auf die Dauer aber doch eine Belastung. Eine Konzentration auf ein begrenztes Arbeitsgebiet schien daher wünschenswert.

Durch Vorträge in Dublin sowie die Publikation seiner „Agrikulturchemie", für die er ein respektables Honorar von 21 000 Mark erhielt, um das ihn nicht nur damals mancher Autor beneidete, hatte sich seine finanzielle Lage stark gebessert. Er wurde im April 1812 zum Ritter (Knight) geschlagen, womit ihm das Recht zustand, den Titel „Sir" zu tragen. Seine Gattin durfte sich mit „Lady" anreden lassen, und eine Lady hatte Davy bereits als Gattin auserkoren: Jane Apreece, geb. Kerr, eine hübsche wie wohlhabende Witwe, die wegen der genannten Eigenschaften von vielen Männern verehrt wurde. Mit seiner Heirat war es Davy möglich, nun ein Leben ohne dienstliche Verpflichtungen zu führen. Eine Frau fürs Leben hatte er jedoch nicht gefunden, wie die nächsten Jahre zeigen sollten.

Einen Tag nach seiner Heirat nahm Davy mit einem Vortrag Abschied als Professor an der Royal Institution, doch stand ihm weiterhin das Recht zu, Vorträge zu halten und im Laboratorium zu forschen, was er auch nutzte.

In dieser neuen Lebensstellung findet Berzelius bei seinem Besuch in London Davy vor, der soeben sein Buch „Elements of Chemical Philosophy" („Elemente des chemischen Teils der Naturlehre") veröffentlicht hatte. Das Buch, das seiner jungverheirateten Frau gewidmet ist, sollte der erste Band einer Gesamtdarstellung der Grundlagen der Chemie sein. Weitere Bände blieben jedoch ebenso wie ein im Vorwort versprochenes Werk über analytische Chemie aus. Mit der Abfassung des Buches hatte Davy das Ziel:

Es soll ein Elementarbuch sein, in welchem die allgemeinen Wahrheiten und Methoden der Wissenschaft enthalten sind.

Das Buch enthält die theoretischen Überlegungen und viele experimentelle Ergebnisse Davys. Teilweise ist es in großer Hast geschrieben. Nach einer historischen Einleitung werden Grundlagen der Chemie aus dem Blickwinkel sich anziehender und abstoßender Kräfte dargestellt. Einer allgemeinen Behandlung der Analyse und Synthese sowie der Darstellung der Eigenschaften des Lichtes folgen die experimentellen Ergebnisse Davys, die einen beträchtlichen Raum einnehmen. Die Gründlichkeit und Ausgewogenheit eines Berzelius in der Darstellung der Ergebnisse besitzt Davy nicht. Beide sind in ihrem Arbeitsstil zu verschieden. Über Davy berichtet Berzelius in seiner Autobiographie. Die interessante Darstellung soll hier etwas ausführlicher wiedergegeben werden:

Davy war damals der berühmteste Chemiker in Europa. Seine persönliche Bekanntschaft zu machen, war der Hauptzweck meiner Reise nach England. Kurz vor meiner Ankunft hatte er eine vermögende Witwe geheiratet, war ihm der Titel eines Knight verliehen und hatte er sein Haus auf dem größten Fuße eingerichtet. Sein neuer Stand war wohl der Grund, daß er seinen schwedischen Korrespondenten nur geringe Beachtung schenkte. Ich gab meine Karte ein paarmal bei seinem französischen Haushofmeister ab, ohne einen Beweis zu erhalten, daß er irgendwelche Notiz davon genommen habe. Als ich meine Karte zum dritten Male abgab, erhielt ich den Bescheid, daß Sir Humphry am nächsten Tag um 10 Uhr vormittags zu Hause anzutreffen sein werde. Er war indes auch dann abwesend, und ich wurde angewiesen, ihn in der Royal Institution aufzusuchen. Ich ging auch hin, wurde von dem Portier angemeldet und dann angewiesen, in einer Rumpelkammer zu warten. Nach etwa 20 Minuten trat Davy ein, wies mir einen Platz zum Sitzen an und setzte sich selbst möglichst weit ab von mir. Seine Konversation war artig, aber so, als ob wir einander gänzlich fremd wären. Ich überreichte ihm das Diplom der Akademie der Wissenschaften, er nahm es mit kalter Würde in Empfang und sagte, daß er mich zum Mitglied der Royal Society vorgeschlagen habe. Wie ich später erfuhr, war dies gar nicht der Fall gewesen. Er forderte mich auf, ihn in das Laboratorium zu begleiten, wo er den Besuch des portugiesischen Ministers Grafen Funchal erwartete, der dem Anstellen eines für die Theorie der Schwefelsäurebildung sehr wichtigen neuen Versuches beiwohnen wollte (die Bildung des kristallisierenden Körpers, der entsteht, wenn schweflige Säure und feuchte sal-

petrige Säure in Gasform zusammenkommen). Er stellte mich dem Minister
vor, der mir einige freundliche Begrüßungsworte in gebrochenem Schwe-
disch sagte. Er war nämlich in seiner Jugend ein paar Jahre chargé
d'affaires in Stockholm gewesen und hieß damals Herr de Souza. Ich habe
später viel Freude an der Bekanntschaft dieses ausgezeichneten Gelehrten,
sowohl in London wie auch mehrere Jahre nachher in Paris, gehabt. Während
der Versuch angestellt wurde, tauschte man verschiedene chemische Ideen aus,
auf Sir Humphrys Seite anfangs mit einer gewissen zurückhaltenden Würde.
Dabei kamen wir auf seine damals neu aufgestellte Lehre vom Chlor zu
sprechen; ich nahm mir die Freiheit, in bezug auf dieselbe zu äußern, sie
sei noch nicht so durchgeführt, daß man annehmen könne, sie werde den
Vorzug vor den älteren Ansichten erhalten. Er erwiderte, er wisse nicht,
welchen Einwurf man gegen sie erheben könne. Ich fragte, ob seiner Ansicht nach die basischen Salze der Salzsäure, z. B. mit Bleioxyd und Kupfer-
oxyd, nach ihr ebenso konsequent wie nach den alten Ansichten erklärt
werden könnten. Er fixierte mich einen Moment mit nachdenklicher Miene
und antwortete dann: „Ich bin noch nicht dazu gekommen, an diese zu
denken, hoffe aber, daß auch sie auf eine befriedigende Weise erklärt werden können." – Bei einem Alltagsmenschen hätte man wohl einiges Miß-
vergnügen über meinen Einwurf erwarten können. Davy indes vergaß seine
vornehme Rolle und wurde ein interessanter, ja zuletzt ganz vertraulicher
Kamerad. Ich brachte hier ein paar lehrreiche Stunden zu, nach deren Ver-
lauf Davy mir riet, sofort ein öffentliches Fuhrwerk zu benutzen und nach
Greenwich zu fahren, wo die Mitglieder der Royal Society um 2 Uhr auf
der Sternwarte zum Mittagsmahl zusammenkämen. Er schrieb einige Zeilen,
um mich bei dem royal astronomer Pond einzuführen, der mich vorstellen
sollte. Dann lud er mich ein, mit ihm (Davy – L. D.) am folgenden Tage
zu frühstücken, zu dinieren und die italienische Oper zu besuchen. . . . . . Am
nächsten Tage bei Davy angelangt, wurde ich von dem französischen Haus-
hofmeiser in ein drawing-room geführt, in dem der Frühstückstisch gedeckt
war; ich wurde dort eine Weile alleingelassen, um die ungeheure Menge
von kostbaren Luxusartikeln zu bewundern, die hier, fast möchte man sagen,
aufgespeichert waren und den unvorteilhaften Eindruck machten, als ob hier
ein Emporkömmling den rechten Mittelweg nicht habe finden können.
Jetzt öffnete der Haushofmeister die Türe, und nach einigen Augenblicken
trat Sir Humphry ein; es dauerte aber nicht lange, bis er wieder aus seiner
Rolle fiel und der über alle Beschreibung interessante Chemiker Davy
wurde. Lady Davy machte uns einen kurzen, artigen Besuch beim Frühstück,
ohne indes daran teilzunehmen.
Wir teilten uns später in einem mehrstündigen Gespräch die Resultate unserer beiderseitigen Arbeiten mit. Als ich auf meinen Versuch über die beiden,
bisher fast unbekannten Säuren des Antimons zu sprechen kam, holte Davy
eine Arbeit hervor, die er unter dem Titel „Elements of Chemical Philosophy" gerade im Druck erscheinen ließ, und las vor, was er darin über die
Antimonoxyde sagte. Ich bemerkte dagegen, daß das Antimonoxyd, dem
ich den Namen antimonichte Säure gegeben hatte, weder schmelzbar noch
zu verflüchtigen sei und führte als Beispiel der scheinbaren Flüchtigkeit der

antimonichten Säure die des Zinkoxydes an. Er las dann seinerseits vor, was er über das Zinkoxyd, das von ihm auch als schmelzbar und flüchtig beschrieben wurde, angeführt hatte. Nach einer Weile einigten wir uns doch dahin, daß dies unrichtig sei. Davy machte sein Buch zu und versprach mir, wenn die Arbeit in den nächsten Tagen herausgekommen sein werde, ein Exemplar zu schicken, mit dem ausdrücklichen Wunsch, daß ich anmerken, wenn etwas Fehlerhaftes darin vorkomme und ihm die Resultate einiger der von mir besprochenen Versuche schriftlich mitteilen möge.

Ich hatte alle Ursache, von dem in Davys Gesellschaft verbrachten Tag sehr befriedigt zu sein. Ich lernte in ihm ein Genie mit ungewöhnlich weitem Gesichtskreis und Klarheit in den Ansichten kennen, kühn und unabhängig von vorgefaßten Meinungen und Annahmen, vor keiner Schwierigkeit zurückschreckend, wo es galt, neue Bahnen zu brechen, das sich aber noch nicht Mühe genug gegeben hatte, alle Einzelheiten der Wissenschaft zu studieren. In bezug auf das letztere fühlte ich mich ihm eben so sehr überlegen, wie er es mir im übrigen war, und deshalb schätzte ich ihn sehr hoch. Seine erstaunenswerten Entdeckungen, auf tiefsinnige Gedanken gegründet und mit einer eisernen Ausdauer ausgeführt, hatten ihn jetzt auf den höchsten Ehrenplatz der Wissenschaft gestellt, den ihm keiner streitig machte. Das durch seine Heirat gewonnene Vermögen und der wohlverdiente Ehrentitel, den der König ihm bei dieser Gelegenheit verliehen hatte, eröffnete seinem nach Ehren geizenden Sinne ein anderes Feld, wo die Ehrbegierde zur Eitelkeit wird; er wollte vornehm werden und merkte nicht, daß, um auf diesem Felde zu glänzen, man darin aufgewachsen sein, den Brauch dieser Klassen kennen und ihre Gewandtheit in den Umgangsformen besitzen muß. Der Gelehrte wird in diesen Kreisen hoch geschätzt, wird aber zum Spott, wenn man merkt, daß er sich nach ihnen zu bilden sucht und es ihm nicht gelingt.

Dies war nun das Schicksal des großen britischen Chemikers. Er hatte soeben die Professur an der Royal Institution für immer aufgegeben, in welcher er die Bewunderung des gebildeten Publikums errungen hatte, und suchte in den Salons andere Lorbeeren, die zu pflücken ihm noch nicht geglückt war, und wo man von seiner eigentlichen Größe viel abzog. Auch später tat er sehr wenig, um sie zu wahren. Seine Freunde beklagten, seine Bekannten verspotteten diese Eitelkeit. Sein Scharfblick ließ ihn bald seine wirkliche Lage erkennen. [21]

Mit Berzelius' Abschied von Davy nahm ein Mißverständnis seinen Anfang, das acht Jahre anhielt. Berzelius hatte Davys „Chemical Philosophy" recht aufmerksam gelesen und zahlreiche Korrekturen angebracht. Als Davy dieses Exemplar von Thomas Young überbracht wird, ist er verärgert, da er sich vor anderen blamiert fühlt. Auch eine briefliche Entschuldigung von Berzelius half nichts. Erst 1820 kommt der Briefwechsel zwischen beiden wieder in Gang, und als Davy Berzelius später noch einmal traf, behandelte er ihn ebenso arrogant, wie es Berzelius bereits beschrieben hat. Auch anderen berühmten Kollegen gegenüber verhielt sich Davy ähnlich, was er vor allem auf seiner Reise nach Paris und Italien beweisen sollte. Ehe er diese Reise antrat, machte er eine Entdeckung, von der er später selbst behauptete, es sei seine größte gewesen.

Faraday

Michael Faraday, der aus ähnlichen Verhältnissen wie Davy stammte, hatte nach seiner Lehre als Buchbindergeselle in London einen Kreis junger Leute gefunden, mit denen er, unterstützt von Büchern wie das bereits genannte von Jane Marcet, seinem Drang nach Bildung frönen konnte. Es war ein glücklicher Umstand, als ihm ein Kunde seines Meisters Eintrittskarten für Davys Vorlesungen an der Royal Institution schenkte. Am 29. Februar, 14. März sowie 8. und 10. April 1812 hört Faraday jene Vorlesungsreihe, die Davys letzte für ein breites Publikum an der Royal Institution wird. Faraday erhält neuen Aufschwung, sich mit Davys Ansichten über die Elektrochemie und über das Chlor auseinanderzusetzen. Im Herbst 1812 sieht er seine eigenen Möglichkeiten erschöpft, sich weiterhin wissenschaftlich auszubilden. In einem Brief an Sir Joseph Banks bittet Faraday um eine Stelle in einem wissenschaftlichen Kreis. Vergeblich wartet er auf eine Antwort, da Banks glaubt, „der Brief erfordere keine Antwort". Für wenige Tage geht Faradays Wunsch in Erfüllung, als er durch Vermittlung bei Davy assistieren darf, der durch die Explosion bei der Chlorstickstoffherstellung eine Augenverletzung erlitten hat und eine Hilfe für seine experimentellen Arbeiten braucht. Doch da Davy bald die experimentellen Arbeiten abbricht, muß Faraday weiter Bücher binden. Im Dezember schreibt er einen Brief an Davy und bittet um Anstellung bei ihm. Als Beweis seiner Fähigkeiten fügt er die Vorlesungsnachschrift einschließlich der Zeichnungen der Vorlesungsapparaturen bei, die er sauber abgeschrieben und eingebunden hat. Davy antwortet sofort in einer Form, die ihm alle Ehre macht [22]:

Sir,
der Beweis des Vertrauens, den Sie mir gegeben haben, hat mir keineswegs mißfallen, denn er offenbart großen Eifer, Erinnerungsvermögen und Aufmerksamkeit.

Ich bin gezwungen, die Stadt zu verlassen und werde vor Ende Januar nicht
zurück sein.
Ich werde Sie dann jederzeit empfangen. Es würde mich freuen, wenn ich
Ihnen helfen könnte. Ich hoffe, das steht in meinen Möglichkeiten.
Ich bin, mein Herr,
Ihr sehr ergebener Diener
H. Davy   24. Dezember 1812

Bald bietet sich die Möglichkeit, da der für Hilfsarbeiten im Laboratorium der Royal Institution angestellte William Payne nach
einem heftigen Streit entlassen worden war. Davy ließ Faraday
zu sich rufen und bot ihm die Stelle eines Assistenten an. In einem
Brief an Davys ersten Biographen John Paris erinnert sich Faraday
1810 folgendermaßen daran:

Während er somit meinen Wünschen nach einer wissenschaftlichen Anstellung entgegenkam, ermahnte er mich, noch nicht die bevorstehende Laufbahn aufzugeben, denn die Wissenschaft sei eine harte Meisterin und in
pekuniärer Hinsicht denen, die sich ihr verschrieben, wenig entgegenkom-
mend. Auf meinen Hinweis auf die höhere moralische Gesinnung der
Wissenschaftler hin lächelte er und meinte, er würde mir einige Jahre Zeit
lassen, um meine Ansicht zu berichtigen. [B 2, Bd. 2, S. 2–4]

Offensichtlich kannte Davy nur zu gut seine Berufskollegen und
– das ist die Tragik im Verhältnis der beiden großen Naturwissenschaftler – sich selbst auch. Als Faraday später Davy in seinem wissenschaftlichen Ruf ebenbürtig wird, tritt an die Stelle
der väterlichen Fürsorge der Neid. So versucht Davy lange Zeit
den Vorschlag zu hintertreiben, Faraday für die Wahl zum Mitglied der Royal Society vorzuschlagen. Als es dann doch zur Wahl
kommt, sind alle befragten Mitglieder für Faraday; nur eine
Stimme fehlt. Trotz dieser Verstimmung in späteren Jahren war
Faraday in der ihm eigenen bescheidenen Art stets dankbar für
die Großzügigkeit und Förderung von seiten Davys. Das Angebot der Assistentenstelle war keineswegs das Ende der Unterstützung durch Davy. Faraday nahm nun als Assistent das hand-
werkliche Können (nicht aber die experimentelle Unordnung),
die wissenschaftlichen Konzeptionen ebenso wie die philosophischen Anschauungen seines Lehrers auf. Es scheint daher nahe-
liegend, Faraday als Schüler Davys zu bezeichnen, doch war
Davy weder Kopf einer wissenschaftlichen Schule noch wollte
er je irgend jemand für die wissenschaftliche Laufbahn ausbil-
den. Das lag dem Charakter eines Davy wenig.

Schon die ersten Arbeiten, die Davy seinem neuen Assistenten aufträgt, sind bezeichnend für die vielfältigen Interessen. Nach einer Woche Einarbeitungszeit im Laboratorium läßt er Faraday Zucker aus Runkelrüben sowie Schwefelkohlenstoff bereiten. Die Zuckergewinnung, die in Deutschland seit etwa 1800 von Franz Karl Achard sowie Wilhelm August Lampadius im größeren betrieben wird, hat durch die Kontinentalsperre Napoleons für die unter seiner Herrschaft stehenden Länder besondere Bedeutung, da die wegfallenden Importe ersetzt werden mußten. Nicht so für England, das ja mit dieser Kontinentalsperre getroffen werden soll. Doch scheint für Davy auch ohne diese wirtschaftliche Zwangslage dieses technologische Problem interessant genug zu sein, um experimentell bearbeitet zu werden, selbst wenn es keine Untersuchung größeren Umfangs werden soll. Für den von Lampadius entdeckten Schwefelkohlenstoff (Schwefelalkohol) ist nach der Klärung der Zusammensetzung durch Clement und Desormes ein praktischer Verwendungszweck noch nicht in Sicht. Ob Davy allerdings nach einem solchen suchte, ist nicht bekannt geworden.

Sowohl im Laboratorium als auch in den in der Royal Institution gehaltenen Vorträgen, zu denen Faraday teilweise als Gehilfe hinzugezogen wird, kann er jenen Einblick in die wissenschaftliche Arbeit gewinnen, den er sich so sehr gewünscht hat. Bald kommt noch eine dritte Möglichkeit hinzu: eine große Reise zum europäischen Kontinent.

Reisen zum Kontinent –
Privatgelehrter in England

Die große Reise

Ausgedehnte Reisen in zahlreiche Gegenden Großbritanniens
hatte Davy des öfteren unternommen, um sich dabei zu erholen,
Vorträge zu halten oder Anregungen für seine angewandten Forschungen zu finden. Der Wunsch, diese Reisen auch auf das Ausland auszudehnen, entsprang dem Bedürfnis Davys, seine völlige
Unabhängigkeit zu demonstrieren sowie seinen Ruhm auch im
Ausland auszukosten. Dieser Ruhm reichte aus, um die Genehmigung zu erhalten, in das gegen England Krieg führende Frankreich einzureisen. Berzelius war es ein Jahr zuvor nicht gelungen.
Auf dieser Reise, die Davy bis nach Italien führen wird, begleitet ihn neben seiner Frau sein Assistent Faraday. Dem jungen
Faraday, der bisher nur einige Meilen über die Stadtgrenze Lon-
dons hinausgekommen und dem eine Fortsetzung seiner Anstellung an der Royal Institution nach Beendigung der Reise zuge-
sichert worden war, bot die Reise die große Chance, durch den
näheren Umgang mit Davy und seinen Gastgebern neueste wissenschaftliche Kenntnisse und weitere experimentelle Fertigkeiten
zu erwerben.
Es sollte für Faraday die „Universität Europa" werden, die ihm
den Sprung vom Gehilfen zum Gelehrten ermöglichte. Und als
Gelehrter rückte er zwanzig Jahre später zu den bedeutendsten
auf, die das 19. Jahrhundert sah.
Davy verstand die mehrjährige Reise nicht als „Sightseeing-tour",
sondern er wollte auf dieser Reise auch wissenschaftlich tätig
sein, wozu er ein „Reiselaboratorium" mit sich führte: einen
Koffer mit Geräten und Reagentien für zahlreiche Untersuchungen. Und schon die erste Station der Reise, Paris, sah das „Reiselaboratorium" in Aktion.
Das Paris des zweiten Jahrzehnts im 19. Jahrhundert war die
wissenschaftliche Hochburg in Europa. Unter den Wissenschaftlern von Weltgeltung lebten zu jener Zeit in Paris: der greise
Louis Bernard Guyton de Morveau; Davys wissenschaftliche
Kontrahenten Joseph Louis Gay-Lussac und Louis Jacques

Thenard; der einflußreiche Claude Louis Berthollet; André Marie Ampère, der Davy am nächsten stand; und Pierre Simon Laplace, der Davy am meisten beeindruckte; Louis Nicolas Vauquelin, ein Schüler Fourcroys, sowie der vielseitige Georg Leopold Cuvier. Auch Alexander von Humboldt, nach seiner Amerikareise ein berühmter Mann, hat zu jener Zeit in Paris sein Quartier aufgeschlagen, da er nur hier die geistige Atmosphäre finden konnte, um die wissenschaftliche Auswertung seiner Amerikareise vollbringen und wissenschaftliche Untersuchungen unternehmen zu können. Von ihm wird Davy rückblickend sagen:

Von Humboldt war einer der liebenswürdigsten Männer, die ich nur je sah: gesellig, bescheiden, einsichtsvoll, gefällig in aller Art; fast zu überströmend in der Unterhaltung. Aus seinen Reisen lernt man seinen unternehmenden Geist kennen. Seine Werke bezeugen die Mannigfaltigkeit seiner Kenntnisse und den Umfang seiner Gaben. [23]

Eine jener Gaben, die Humboldt so auszeichneten, nämlich sein ausgewogenes Benehmen in gesellschaftlichen Kreisen und somit sein diplomatisches Fingerspitzengefühl, ging Davy völlig ab. Mit Herzlichkeit und Respekt wurde Davy von seinen berühmten französischen Kollegen aufgenommen, revanchierte sich aber mit einem arroganten und geschwätzigen Benehmen und brüskierte so seine Gastgeber. Später haben Biographen dieses blamable Auftreten in Paris begütigend zu erklären versucht. Zu entschuldigen sind diese Entgleisungen Davys, der doch bereits zu diesem Zeitpunkt als außerordentlich bedeutender Wissenschaftler seiner Epoche angesehen wurde und auf den die Öffentlichkeit blickte, aber keineswegs. Auch die Verhaltensnormen als Wissenschaftler hat Davy mit seinen Untersuchungen des Jods verletzt. Courtois hatte 1811 beim Erhitzen des im Seetang erhaltenen Salzes mit Schwefelsäure schwarz-glänzende Kristalle gewonnen, die ihrer exakten Untersuchungen harrten. Dazu wurden die beiden Chemiker Clement und Desormes herangezogen. Bald erfuhren von der neuartigen Substanz auch Gay-Lussac, der sofort eine größere Untersuchungsserie ansetzte und auch der Substanz den Namen Jod gab, sowie Ampère. Letzterer ließ Davy von der neuartigen Substanz wissen und überreichte ihm eine kleine Probe. Sofort macht sich Davy in aller Eile mit seinem Assistenten Faraday daran, mit seinem Reiselaboratorium die Substanz und ihre chemischen Reaktionen zu untersuchen. Davy setzt die neuartigen Möglichkeiten für chemische Reaktionen aus seinen früheren Arbeiten ein, so z. B. bei der Umsetzung des Jods und der Jodwasserstoffsäure mit Kalium, mit Chlor und mit Phosphor, wobei u. a. JCl_3 von ihm entdeckt wird. Er stellt die Analogie zwischen Dulongs Chlorstickstoff, der ihm unter den Händen explodiert war, und dem von Clement und Desormes beschriebenen Jodstickstoff fest. Erst als er im Laboratorium des jungen Chevreul auch Versuche mit einer Batterie ausführen kann und am Jod keine Zersetzung findet, ist er von der elementaren Natur des Jods überzeugt. Er nennt es in Analogie zu den von ihm geformten Begriffen „chlorine" und „fluorine" nun „iodine". Helfer bei den experimentellen Arbeiten und Augenzeugen dieser fast 14tägigen Jagd nach einem Element, die sich meist zwischen den gesellschaftlichen Verpflichtungen Davys abspielte, ist der Gehilfe Faraday, der natürlich vom Konzept der Arbeiten viel für seinen eigenen Arbeitsstil übernimmt. Für ihn ist der Aufenthalt in Paris beeindruckend, und er wäre überglücklich, gäbe es nicht dieses zermürbende Gezänk mit Lady Davy, die ihn stets zum Hausdiener degradieren will und die von ihrem jung vermählten Gatten meist (noch) Recht erhält.

Davy selbst arbeitet eine Abhandlung über das Jod aus und sendet sie am 10. Dezember 1813 der Royal Society zu, wo sie am 20. Januar 1814 verlesen wird. Über seine Ergebnisse informierte er brieflich auch Cuvier. Am 13. Dezember 1813 wurde Davy zum korrespondierenden Mitglied der Pariser Akademie gewählt. Außer den schon genannten gelehrten Gesellschaften Royal Society und Schwedische Akademie der Wissenschaften hatten die Bayrische Akademie der Wissenschaften 1808 und die Preußische Akademie der Wissenschaften (heute Akademie der Wissenschaften der DDR) 1812 Davy zu ihrem Mitglied ernannt. Die Mitgliedschaft an der Pariser Akademie überragte die der anderen ausländischen Gesellschaften, was außerdem noch wegen des Kriegszustandes zwischen Frankreich und England zusätzliche Bedeutung hatte. Dieser Auszeichnung folgte der Skandal auf dem Fuße, als vor allem Gay-Lussac und Thenard von Davys Veröffentlichung erfuhren und ihren Kollegen vorwurfen, Davy unerlaubt eingeweiht zu haben. Am 1. August 1814 trug Gay-Lussac seine „Untersuchungen über das Jod" vor, ohne die Arbeit Davys ausführlich zu erwähnen. [25]

Davy war mit seiner Begleitung Ende Dezember 1813 nach Süden abgereist. Auf der Reise unterrichtete Davy seinen Assistenten über die verschiedensten wissenschaftlichen Gegenstände wie Geologie, Meteorologie oder Zodiakallicht, was Faraday in seinem Tagebuch genau niederschrieb. Über Montpellier, Nîmes, Nizza und Turin gelangte die kleine Reisegesellschaft nach Genua, wo Davy versuchte, mit elektrischen Fischen Wasser zu zersetzen. Auf der nächsten Station, in Florenz, beginnen Untersuchungen über das Jod und die Verbrennung von Diamanten. [24] Die letztere und ziemlich kostspielige Untersuchung galt der Frage nach der wahren Zusammensetzung des Diamanten im Vergleich beispielsweise zu Holzkohle und Graphit, einer Frage, die seit Lavoisier die Wissenschaftler bewegte und der sich vorher schon andere, so in Deutschland Lampadius, gewidmet hatten. Während Davy in seinen ersten Versuchen an der Royal Institution noch Diamanten mit Kalium zersetzen wollte und beim Einbringen in den Lichtbogen keine exakte Beobachtung des Verbrennungsvorganges möglich war, nutzt er nun im Laboratorium der Accademia del Cimento ein großes Brennglas. Vollendet wurden die Untersuchungen am Diamant in Rom, wohin sich Davy anschließend begab. In einem Bericht an die Royal Society konnte Davy feststellen, daß sowohl Diamant wie Holzkohle ausschließlich aus Kohlenstoff bestehen, der somit in verschiedenen Modifikationen vorkommen kann.
Nach dem Abstecher nach Neapel, wo ihn vor allem der Vesuv und die Ausgrabungen von Pompeji interessieren, wendet sich Davy nach Genf, um auf der Durchreise in Mailand den hochbetagten Alessandro Volta zu besuchen. Auch diesen weltberühmten Gelehrten brüskiert Davy, indem er den zur Begrüßung feierlich gekleideten Volta im Anzug eines Landstreichers entgegentritt. Die sich anschließende zurückhaltende Konversation zwischen Volta und Davy bringt keine wissenschaftlichen Anregungen. Diese findet Davy in Genf, wo er u. a. mit de la Rive, Pictet und de Saussure zusammentrifft. Hier erfährt erstmals auch Faraday unter den Gelehrten der Stadt Achtung und Anerkennung. Den Winter 1814/15 verbringt Davy wieder im Süden, wo er vor allem in Rom über antike Malfarben arbeitet. Nach einem kurzen Abstecher nach Neapel zur Besichtigung eines Ausbruchs des Vesuvs begibt sich Davy wieder in sein Heimatland. In

Europa ist nach jahrelangem Krieg endlich wieder einmal Frieden eingekehrt.

In London, wo Davy – von seiner Reise äußerst befriedigt – in einem neuen Haus nun auf neue wissenschaftliche Entdeckungen ausgeht, wartet auf ihn schon eine Anfrage von Kohlenbergwerksbesitzern.

Reaktionen an Flammen · Die Sicherheitslampe

In London konnte Davy seine Gastprofessur an der Royal Institution wieder zu experimentellen Arbeiten nutzen, während Faraday nun vor allem als Assistent von Davys Nachfolger William Thomas Brande angestellt war. Davy wurde bald nach seiner Ankunft ein Problem vorgelegt, das so recht in das Konzept der Royal Institution paßte, die stets für Probleme der Praxis zur Verfügung stehen sollte. Die durch die stärkere Verbreitung der Dampfmaschine erhöhte Steinkohlenförderung erforderte ein stärkeres Abteufen der Schächte, was wiederum zu Schwierigkeiten bei der Bewetterung führte. Häufig ereigneten sich Unfälle durch schlagende Wetter in Bergwerken. Im Sommer 1815 traten Vertreter der Bergwerksbesitzer an Davy mit der Bitte heran, Mittel zur Abhilfe bei schlagenden Wettern zu schaffen. Davy antwortet dem Mitglied eines Komitees zur Untersuchung der Ursachen der Bergwerksunglücke, Dr. Gray, dem späteren Bischof von Bristol:

Seiner Hochwürden Dr. Gray   3. August 1815
Sir,
Ich hatte die Ehre, Ihren Brief zu empfangen, den Sie an meine Londoner Adresse richteten. Ich fühle mich Ihnen sehr verpflichtet, daß Sie meine Aufmerksamkeit auf einen so wichtigen Gegenstand lenken.
Es wird mir eine große Genugtuung sein, wenn mein chemisches Wissen bei einer menschlich so wichtigen Untersuchung von Nutzen sein kann. Ich möchte Sie bitten, dem Komitee die Bereitwilligkeit meiner Mitarbeit an allen Experimenten und Untersuchungen dieses Gegenstandes zu versichern.
Wenn Sie glauben, daß mein Besuch in den Bergwerken von irgendeinem Nutzen sein kann, bin ich gern dazu bereit. Es scheinen mir verschiedene Möglichkeiten zu bestehen, um schlagende Wetter ohne Gefahr zu verhindern. Die Schwierigkeit ist, ihr Vorhandensein ohne den Gebrauch offenen Lichtes festzustellen, so daß sie nicht entzündet werden. Ich habe an zwei Arten Licht gedacht, die nicht die Kraft haben, schlagende Wetter verur-

sachende Gase zu entzünden, kann aber nicht beurteilen, ob sie hell genug sind, um dem Arbeiter die Fortsetzung seiner Arbeit zu gestatten. Sie können leicht beschafft werden und sind billiger als Kerzen ...

Ich werde hier 10 Tage länger bleiben, und bei meiner Rückkehr nach Süden werde ich den Ort besuchen, den Sie bitte so freundlich sein wollen, ausfindig zu machen, damit ich Informationen über das Kohlengas erhalten kann.

Sollte der Bischof von Durham in Auckland sein, werde ich seiner Lordschaft bei meiner Rückkehr meine Aufwartung machen.

Ich habe die Ehre, Sir, mit großer Hochachtung

Ihr gehorsamer ergebener Diener zu sein.

H. Davy

Melrose, N. B., bei Lord Sommerville [B 12, S. 67]

Die Beschäftigung mit einer solch wichtigen und interessanten Aufgabe wie der Sicherheitslampe war ihm auch aus einem anderen Grunde recht: Davy hatte gerade erst eine unangenehme Entdeckung gemacht, die allerdings keine wissenschaftliche war: Seine Ehe war gescheitert. Seine Frau, einer höheren sozialen Schicht als er entstammend, war zwar für die Londoner Salons und Abendgesellschaften, nicht aber für eine Ehefrau geschaffen. Davy, der oft unter Arroganz seine Sensibilität und teilweise auch seine Unbeholfenheit zu verstecken suchte, wünschte sich eine Frau, die für sein naturverbundenes Temperament und seinen sensiblen Charakter Verständnis aufbringen konnte. Gern hätte er, der nach dem Tod seines Vaters auch für das Schicksal seiner jüngeren Geschwister sorgte, sich als Oberhaupt einer Familie gesehen. Beides erfüllte sich nicht. So ging ihr intimes Zusammenleben bald in die Brüche, das offizielle erst später. Lady Davy sah sich veranlaßt, die weiblichen Hausangestellten zu entlassen, worauf Davy häufiger das Haus verließ. In Biographien wurde später die Vermutung geäußert, Davy habe sich dabei eine unheilbare Krankheit zugezogen, die seinen frühen Tod verursachte. Eine solche Ferndiagnose über Jahrzehnte hinweg scheint aber gewagt. Sicherlich trugen zu seiner körperlichen Zerrüttung neben der gescheiterten Ehe die Auswirkungen seiner Charakterschwächen und der Mißerfolge seiner weiteren praktischen Arbeiten sowie andere Streitigkeiten bei.

Eine solche unangenehme Seite sollte ihm nun auch die Arbeit an der Sicherheitslampe für Bergleute bringen, mit der er die Gefahr der schlagenden Wetter abwenden wollte. Schon Alexander von Humboldt hatte eine „Wetterlampe" für Bergleute beschrieben, doch war sie nicht als Sicherheitslampe für Kohlenbergwerke ausgelegt. [26]

Davy suchte die Ursache der schlagenden Wetter, die explosiven Methan-Luft-Gemische, in ihrem Verhalten näher zu erforschen. Über das bisherige Arbeitskonzept der „pneumatischen Chemie" hinausgehend, untersuchte er die Entzündbarkeit und

6 Einige Ausführungsformen der Sicherheitslampe, die von Davy angefertigt wurden. (Mit freundlicher Genehmigung der Royal Institution, London)

Verbrennungsgeschwindigkeit verschiedener explosiver Gasgemische und fand dabei die wichtige Tatsache, daß Gasexplosionen sich nicht an dünnen Röhren und Metallnetzen wegen der guten Wärmeableitung fortsetzen. Das versetzt ihn in den Stand, Lampen mit einem Drahtnetz zu bauen, die auch in explosiven Gemischen sicher brennen. Durch Versuche an Gasgemischen mit inerten Gasen kann Davy zeigen, daß die Explosion des Grubengases durch inerte Zusätze vermindert wird. Die Gehalte an Methan machen sich an der Art der Flamme bemerkbar, die somit zur Warnung vor explosiven Gasgemischen in der Umgebung der Lampe dient. Die endgültige Form seiner Sicherheitslampe stellte Davy erstmals in einem Vortrag vor der Royal Society am 11. Januar 1816 vor. Jene Untersuchungen, die zur Entwicklung der Sicherheitslampe geführt hatten, setzt Davy im Jahre 1816 fort. Sie führen zum grundlegenden Verständnis der Reaktionen in Flammen sowie zur Verbrennung im allgemeinen. Besonders „Einige Untersuchungen über die Flamme" [A 12, S. 27–53] fassen die Versuche auf diesem Gebiet zusammen und werden bald anerkannt. Sie sollten später das Kernstück von Faradays meisterhafter populärwissenschaftlicher Darstellung „Naturgeschichte einer Kerze" bilden.

In einer letzten Arbeit zu diesem Thema findet Davy die Umsetzung von Gasen an Metallen unter Wärmeentwicklung (Glühen des Metalls). Das sind die ersten Anfänge zur Entwicklung der heterogenen Katalyse. Sechs Jahre später führte Johann Wolfgang Döbereiner die Arbeiten mit der Konstruktion seiner Zündmaschine fort, bei der sich Knallgas an einem Schwamm aus Platinmohr entzündet. Erst Ende des 19. Jahrhunderts wurde ausgehend von Arbeiten Ostwalds die Entwicklung großtechnischer Verfahren eingeleitet, die, wie z. B. das Haber-Bosch-Verfahren und die Ammoniakverbrennung nach Ostwald, von so enormer praktischer Bedeutung waren.

Davy kümmerte sich um die praktische Anwendung seiner Sicherheitslampe selbst. Der Mechaniker Newman hatte ihr eine gut handhabbare Form gegeben. Davy besuchte für die Erprobung seiner Lampe Bergwerke und war begeistert von seiner so nützlichen Erfindung. Doch sollte bald ein Wermutstropfen in diese Freude fallen. Zunächst gab es für ihn noch überall Lob und Ehrungen, von denen die Überreichung eines sehr wertvollen silbernen Tafelgeschirrs durch Besitzer von Kohlengruben die bekannteste ist. Das Geschirr spielt noch heute eine Rolle in der Wissenschaft, denn einer Verfügung in seinem Testament [A 2, Bd. 2, S. 460] gemäß wurde, da er ohne Nachkommen blieb, das Geschirr nach dem Tode seines Bruders eingeschmolzen und eine Davy-Medaille gestiftet, die erstmals 1877 an Robert Wilhelm Bunsen und Gustav Kirchhoff für die Arbeiten zur Spektralanalyse vergeben wurde und die noch heute zu den bedeutendsten wissenschaftlichen Auszeichnungen Englands gehört.

Bald meldete sich jedoch ein Konkurrent, der ebenfalls eine Sicherheitslampe gebaut hatte. Das war kein anderer als der später so berühmte Lokomotivbauer George Stephenson, der zu jener Zeit noch ein unbekannter Mechaniker bei der Kohlengrube

Killingworth war. Es entbrannte bald ein unangenehmer Prioritätsstreit, der Davy sehr viel Ärger einbrachte. Tatsächlich hatte auch Stephenson in Kenntnis der Arbeiten Davys eine Sicherheitslampe konstruiert, die bei Anwesenheit explosiver Gasgemische erlosch. Sie konnte sich aber nicht durchsetzen. Bei der Unterstützung für Stephenson mag Lokalpatriotismus im Spiel gewesen sein. Sir Joseph Banks war von Davys Erfindung beeindruckt, und so stellte sich die Royal Society hinter Davy.

Auch zwei bedeutende Ehrungen, die Auszeichnungen mit der Rumford-Medaille der Royal Society im Jahre 1816 sowie die Verleihung der erblichen Würde eines „Baronet" 1818, konnten

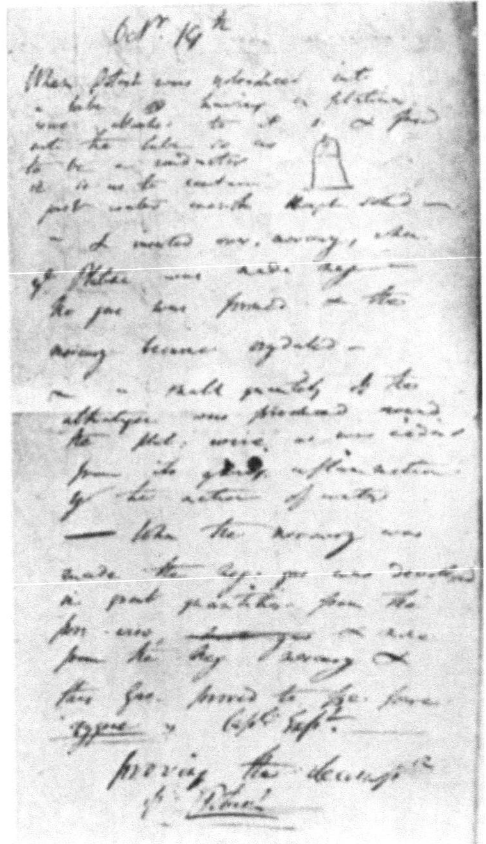

7 Seite aus dem Protokollbuch Davys. Beschreibung des Versuchs zur elektrolytischen Zerlegung von Pottasche.

seine Verärgerung nicht mindern. Im Sommer 1818 trat Davy wieder eine Reise zum Kontinent an, auf der ihn seine Frau zum letzten Mal begleitete. Später reiste er stets allein. Nach einer Besichtigung der Kohlengruben in Flandern, zu der ihn die von seiner Sicherheitslampe begeisterten Kohlengrubenbesitzer eingeladen hatten, gelangte er über Wien nach Neapel. Hier blieb er mit einer längeren Unterbrechung bis zum Frühjahr 1820. Neben dem Vesuv und seiner vulkanischen Tätigkeit interessierten Davy die Papyrusrollen von Herculanum, die verkohlt waren und die es aufzurollen galt. Über die Versuche hat Davy der Royal Society 1821 berichtet, nachdem 1820 teilweise unter Aufsicht Davys der Deutsche Sickler in London ähnliche Versuche angestellt hatte.

Nach der Abreise aus Neapel pilgerte Davy durch Südfrankreich, doch wurde diese gemütliche Fahrt durch die eilige Rückkehr nach London Mitte Juni 1820 abgebrochen. Für den Abbruch der Reise gab es nur einen Grund: Sir Joseph Banks, der Präsident der Royal Society, lag im Sterben.

Präsident der „Royal Society"

Am 19. Juni 1820 starb Banks, der 42 Jahre lang das Amt des Präsidenten der Royal Society innegehabt hatte. Trotz dieser langen Amtszeit hatte sich unter den Mitgliedern der Royal Society kaum Unzufriedenheit breitgemacht. Banks hatte mit Würde, Taktgefühl und einer großen Sicherheit im Auftreten regiert, und jeder Nachfolger mußte es schwer haben, es ihm gleichzutun. In London war man sich zunächst sicher, den hochverdienten Wollaston als neuen Präsidenten zu wählen. Für die Zeit bis zur Neuwahl des Präsidenten im November 1820 wurde zunächst Wollaston als Interimspräsident gewählt. Die Zeit war aber lang genug, um die Meinung auf Davys Seite zu ziehen. Davy äußerte sich dazu:

Ich ... stand jetzt im Begriff, auf den Ruf meiner Kollegen einen Sitz einzunehmen, den Newton in seinen letzten Tagen geziert hatte.

Nachdem Wollaston auf eine Kandidatur verzichtet hatte, war für Davy der Weg frei. Am 20. November 1820 wird er Präsident der ältesten wissenschaftlichen Akademie der Welt.
Das so lang ersehnte hohe Amt brachte ihm weniger Ruhm – er war schon als Naturforscher in ganz Europa gerühmt und geachtet – als mehr Ärger ein. Davy war viel zu unausgeglichen, um die Royal Society ausgewogen führen zu können. Zwar bemühte er sich um die Arbeit der Royal Society außerordentlich, doch sein Eifer ohne Besonnenheit reichte nicht für das schwierige Amt aus. Nach außen hin nahm die Royal Society zwar keinen Schaden, denn Davys Ruhm war groß genug, um innere Schwierigkeiten der Gesellschaft zu überdecken. Allerdings waren die Zusammenkünfte der Mitglieder nicht mehr die glänzenden Diskussionsrunden im Kreise eines Sir Joseph Banks. Davys Unternehmungen als Präsident der Royal Society waren wenig erfolgreich. Weder die Einrichtung von Laboratorien für die Gesellschaft noch die Gründung eines „British Museum of Natural History" gelangen. Seine Unterstützung für die Gründung

einer Zoologischen Gesellschaft sowie später eines Zoologischen Gartens in London hatten Erfolg, ebenso die Stiftung einer „Royal-Medal", die erstmals John Dalton 1826 erhielt.
Das Präsidentenamt hinderte Davy aber nicht, auch weiterhin in beschränktem Umfang selbst wissenschaftliche Forschungen anzustellen.

8 Humphry Davy um 1820. Stich nach einem Gemälde von J. Lonsdale (Ausschnitt).

Das Jahr 1820 hatte eine hochinteressante Entdeckung gebracht: die des Elektromagnetismus durch den Dänen Hans Christian Oersted. Die Situation war ähnlich wie 20 Jahre zuvor, als Volta seine Säule beschrieb: Alles stürzte sich auf die neue Entdeckung. Faraday wurde eingeladen, einen zusammenfassenden Bericht für das „Quarterly Journal" zu schreiben, und trieb eigene Experimente. Wollaston diskutierte mit Davy über die theoretischen Grundlagen dieser Erscheinung, und auch Davy stellte Experimente an, die den Einfluß des Magnetfeldes auf den Lichtbogen zum Inhalt hatten. Faraday hatte für seine Publikation experimentelle Arbeiten angestellt, bei denen er die Drehung des Magneten in einem stromdurchflossenen Leiter auffand. Es waren Faradays erste Schritte auf jenem wissenschaftlichen Gebiet, das ihm zehn Jahre später jene große Entdeckung der Induktion bieten sollte, die ihm seinen überragenden Ruf in der Wissenschaftsgeschichte einbrachte. Bei dieser ersten kleineren Entdeckung hatte Faraday aber Streitigkeiten mit Davy, der ebenso wie Wollaston Prioritäten geltend machte, die in Wirklichkeit aber gar nicht existierten. Während Wollaston das einsah, blieb Davy trotz einer persönlichen Klärung des Sachverhaltes öffentlich bei seiner kontroversen Meinung. Damit begannen die Auseinandersetzungen zwischen Davy und seinem Schüler, dem nun zum ebenbürtigen Kollegen herangewachsenen Faraday, die der früheren großzügigen Förderung eine bedauerliche Wendung gaben.

Auch die Arbeiten über die Verflüssigung des Chlors und anderer Gase, die Faraday auf eine Anregung Davys hin in größerem Umfange ausführte, offenbarten den kleinlichen Neid Davys, der sich diese wissenschaftliche Leistung zuschreiben wollte.

1823 wurde an die Royal Society ein Problem herangetragen, das von außerordentlicher praktischer wie offenbar auch militärischer Bedeutung war. Die Admiralität suchte um Rat zur Verhinderung der Korrosion von kupfernen Schiffsbeschlägen an den Kriegsschiffen nach. Davy nahm sich der Sache an und erfaßte dieses Problem sofort vom elektrochemischen Standpunkt aus, womit er – von einer kleinen Arbeit Thenards abgesehen – der erste war, der eine elektrochemische Erklärung der Korrosion gab. Er suchte die Auflösung des Kupfers durch unedlere Metalle zu verhindern. Anhand der Voltaschen Spannungsreihe wählte er dazu die praktisch im größeren Maßstab einsetzbaren Metalle Eisen und Zink aus. Die von ihm konstruierten „Protektoren" aus Eisen bzw. Zink verhinderten die Korrosion des Kupfers vollkommen, wenn das Verhältnis von Kupfer- zu Protektoroberfläche 100:1 oder kleiner war. Doch die vollständige Abnahme der Kupferionenkonzentration führte andererseits sofort zum Absetzen organischen Materials auf dem Kupfer. Der Bewuchs der Schiffe, den Davy auf angelagerte Calcium- und Magnesiumsalze an der Kupferoberfläche wie auf die fehlenden Kupferionen zurückführte, wurde so groß, daß sich eine Verminderung der Geschwindigkeit des Schiffes bemerkbar machte. Die Admiralität ließ Schiffe mit Davys Opferanoden ausrüsten, wobei sich Davy auch an den praktischen Erprobungen beteiligte und an einer Schiffsreise nach Helgoland und Norwegen teilnahm. Auf diesen Reisen im Jahre 1824 kam er auch nach Norddeutschland und lernte hier bei Olbers in Bremen Carl Friedrich Gauß kennen, den er als bedeutendsten deutschen Naturwissenschaftler ansah. Zuvor hatte er wiederum Berzelius und erstmals Oersted getroffen.

Als der starke Bewuchs der Schiffe auftrat, ließ die Admiralität Davys Vorschlag fallen. Das war für ihn fatal, hatte er doch gerade in seiner sechsten Bakerian-Lecture vor der Royal Society den Erfolg seiner Bemühungen bekannt gegeben.

Davys Gesundheitszustand verschlechterte sich daraufhin, und er hatte Mühe, die Amtsgeschäfte als Präsident der Royal Society überhaupt auszuführen. Im Herbst 1826 leitete er mit letzter Kraft die Jahresversammlung der Royal Society, kurz darauf erlitt er einen leichten Schlaganfall. Die Ärzte rieten ihm zu verreisen, und so bricht Davy mit seinem Bruder mitten im Winter nach Süden auf. Die Reisestrapazen waren nicht dazu angetan, seinen schlechten Gesundheitszustand zu verbessern. In Ravenna hält er sich längere Zeit auf, um dann Österreich, die Schweiz und Bayern zu bereisen, da sich sein Gesundheitszustand langsam bessert. Auf eine briefliche Anfrage seines Freundes Gilbert, der jetzt Schatzmeister der Royal Society ist, erklärt er sich bereit, nicht wieder als Präsident zu kandidieren.

Nach der Bekanntgabe dieses Wunsches übernimmt Gilbert am 6. November 1827 das Präsidentenamt, um dann auf der Jahresversammlung am 30. November für ein weiteres Jahr gewählt zu werden. In Anerkennung seiner Bakerian-Lecture wird Davy, der am 6. Oktober nach England zurückgekehrt war, die Royal Medal verliehen.

Aus dem wissenschaftlichen Leben Englands ist Davy mit seinem Rücktritt als Präsident der Royal Society ausgeschieden. Anfang 1828 bricht er wieder auf, um im Süden Erholung zu finden.

Letzte Tage eines Naturforschers

Als Davy seine Heimat verläßt, fühlt er sein nahes Ende. Er ist gebrochen und sucht nur Linderung seiner körperlichen Leiden, die ihn, den sonst stets rastlosen Mann, zu völliger Untätigkeit zwingen. So bleibt ihm nur die Möglichkeit, seine kurze Frist noch zur Schriftstellerei über jene Dinge zu nutzen, denen er sich früher mit seiner ganzen Kraft widmen konnte: das Hobby Angeln und die Berufung Naturwissenschaft.

Noch in England hat Davy sein Buch „Salmonia or the Days of Flight Fishing" [A9] begonnen, das dann 1828 erschien und schnell mehrere Auflagen erfuhr. In der Vorrede, die im heutigen Ljubljana geschrieben wurde und mit dem 30. September 1828 datiert ist, nennt Davy die Gründe für die Abfassung des Werkes:

Diese Blätter beschäftigten den Verfasser während einer mehrere Monate dauernden schweren und gefährlichen Erkrankung, wo er gänzlich außerstande war, sich auf gemeinnützigere Untersuchungen einzulassen oder ernstere Zwecke zu verfolgen. Sie verschafften ihm eine Unterhaltung und Zerstreuung für so manche Stunden, die er außerdem nicht auszufüllen gewußt und in trauriger Langeweile zugebracht haben würde. [A 9, S. XXI]

Dem Angeln frönte Davy seit seiner Kindheit. Er betrieb es stets während seiner Reisen durch England und auf dem Kontinent. Wie die rasche Verbreitung des Werkes in England beweist, hatte dieses Hobby ebenso wie die interessante Darstellung viele Freunde gefunden. Das Buch war jedoch schon zu jener Zeit keineswegs das einzige Werk zu diesem Gegenstand, wie der „Complete Angler" von Walton und Cotton beweist. Nachdem Davy in seinem Buch das Angeln als Hobby von bedeutenden Leuten ausreichend belegt, folgt eine Fülle von technischen Details, die er als passionierter Angler aus jahrzehntelanger Erfahrung beschreiben konnte.

Für eine wissenschaftliche Biographie ist aber Davys letztes Buch wesentlich interessanter, das erst nach seinem Tode erschien und seinem englischen Arzt und Freund Thomas Poole gewidmet ist. Im Vorwort, das noch in Rom im Februar 1829 geschrieben wurde, hat Davy für die Abfassung des Buches die gleichen Gründe wie für sein Anglerbuch genannt. Seine „Betrachtungen auf Reisen" sind mehr als nur das Produkt des Vertreibens der Langeweile. Es ist nicht überzogen, das Buch als geistiges Testament Davys anzusehen, betrachtet er doch in den Dialogen seiner fiktiven Personen alle Bereiche des menschlichen Lebens und besonders natürlich der Wissenschaften. Im ersten Kapitel „Vision" gibt Davy eine literarische Kurzdarstellung der Geschichte der Menschheit, wobei er die „Betrachtung einigen Gesetzen in der Geschichte der menschlichen Gesellschaft" zuwendet, um eine Ähnlichkeit zwischen den Gesetzen der Gesellschaft und den Naturgesetzen zu vermuten. Vieles in dieser Darstellung ist sehr verschwommen und teilweise auch verworren, allein die Frage nach Gesetzen in der Entwicklung der Gesellschaft im Vergleich zu Naturgesetzen erscheint bemerkenswert. Auch seine Reflexionen über die Geistesgeschichte im zweiten Teil („Gespräch über die Vision im Collossäum") sind interessant zu lesen, im dritten und vierten Teil nimmt Davy vor allem auf seine Reisen Bezug und spielt dabei auf einen Bootsunfall am Traunfall in Bayern an, bei dem ihm nach Angabe des Übersetzers der König Ludwig I. von Bayern das Leben gerettet haben soll. [A 8, S. 191] Dieser Vorfall wird Davy zum Anlaß, den Dialog der drei Personen „Philaletes", „Eubathes" und „der Unbekannte" auf die physikalischen und chemischen Grundlagen der Vorgänge in der Natur zu lenken. Im fünften Kapitel „Der Chemiker" läßt Davy den „Unbekannten" jene Auffassungen vertreten, die er selbst von der Chemie sowie den Naturwissenschaften und vor allem von deren Anwendung zum Nutzen der Menschen hat. Für die Moral und Ethik eines Wissenschaftlers nennt Davy folgenden Grundsatz:

Die Betrachtung der Ordnung und Harmonie in den Dingen des irdischen Systems gewährt ein eigenes Vergnügen. Die Poesie ist von keinem absoluten Nutzen, aber sie schafft uns Freuden, sie verfeinert und erhebt den Geist. Die Bestrebungen des Naturforschers gewähren ebenfalls in dieser Weise einen edlen und unabhängigen Nutzen; und wir haben einen doppelten Grund, uns ihnen hinzugeben. [A 8, S. 263]

Dann nennt Davy das Rüstzeug eines Chemikers, seine theoretischen Kenntnisse, seine experimentelle Ausrüstung und seine charakterlichen Eigenschaften. Was das erste betrifft, so sollen es Kenntnisse in Arithmetik und Algebra sowie Geometrie, in „Mechanik, Hydrodynamik, Aerometrie, Optik und ... Elektrizitätslehre" sowie in den Sprachen Latein, Griechisch, Französisch und Italienisch (für einen Engländer natürlich) sein. Als experimentelle Ausrüstung nennt Davy:

Eine Luftpumpe, eine Elektrisiermaschine, eine Voltasche Säule (alles dieses etwa in kleinem Maßstabe), ein Lötrohr, ein Blasebalg und eine Schmied-Esse, ein mit Quecksilber und ein mit Wasser zu sperrender Gasapparat, Becher und Schalen von Platina und Glas und die gewöhnlichen chemischen Reagentien; dies ist alles, was erfordert wird. [A 8, S. 271]

Das, was vom Menschen gefordert wird, faßt Davy in die Worte:

Geduld, Fleiß und Reinlichkeit in der Manipulation, Genauigkeit und sorgfältige Schärfe im Beobachten und Notieren der vorkommenden Erscheinungen sind wesentliche Eigenschaften. Eine stete Hand und ein schnelles Auge sind nützliche Bundesgenossen. ... Die Einbildungskraft des Chemikers muß tätig und helle sein, um Analogien aufzusuchen, doch muß sie sich hierin dem Einflusse des Urteils vollkommen unterwerfen. Sein Gedächtnis muß reich und tief sein; doch soll es ihm viel mehr allgemeine Ansichten als kleine, minder wichtige Gedankenreihen vorführen. Der Geist muß nicht, wie eine Enzyklopädie, eine ganze Ladung von Wissen, er muß vielmehr gleichsam ein kritisches Wörterbuch sein, welches viele Allgemeinheiten enthält und angibt, wo speziellere Belehrung gefunden werden kann. In der Darstellung der Resultate seiner Versuche und in deren Bekanntmachung sollte der Chemiker den einfachsten Stil gebrauchen und allen Schmuck vermeiden, weil er dem Gegenstand Eintrag tut. [A 8, S. 275]

Während durch die Weiterentwicklung der Wissenschaften die Anforderungen an das theoretische wie experimentelle Rüstzeug des Chemikers heute um einiges erweitert und vielfach verändert worden sind – in ihrer Aufzählung entsprechen sie dem Entwicklungsstand jener Zeit –, so sind die von Davy genannten Eigenschaften eines Naturwissenschaftlers auch die Forderungen unserer Zeit, die er als Vermächtnis den folgenden Generationen mit auf den Weg gab.

Nach Abschluß seines Buches blieben Davy nur noch einige Wochen. In Rom lähmte ihn bald nach Beendigung der Arbeiten am Manuskript ein Schlaganfall. Er fühlte sein Ende und wollte zurück in seine Heimat. Begleitet von seinem Bruder und seiner Frau, die auf einen hilfesuchenden Brief hin nach Rom geeilt war, fuhr Davy nun in leichten Tagesreisen nach England zurück.

Am 28. Mai traf er in Genf ein, wo er am Morgen des folgenden Tages verstarb.

Sein Grabstein auf dem Genfer Friedhof Plain-Palais, sein Standbild in Penzance, eine kleine Tafel in der Westminster-Abtei sowie – etwas weiter entfernt – der Krater Davy auf der Mondvorderseite sind die äußeren Zeichen der Erinnerung an den Mann, den sein Zeitgenosse und ebenbürtiger Kollege Berzelius rückblickend „den größten Chemiker seiner Zeit" genannt hat.

In seiner ersten Rede als neugewählter Präsident der Royal Society hatte Davy im Jahre 1820 nach einem Rückblick auf die Geschichte der Chemie den Satz ausgesprochen:

Möge später nicht gesagt werden, daß zu einem Zeitpunkt, als unser Empire auf dem höchsten Punkt seiner Größe angelangt war, die Wissenschaften niederzugehen anfingen. Wir wollen besser hoffen, daß die Nachwelt in den Philosophical Transactions unserer Tage Zeugnis dafür finden wird, daß wir den Zeiten, in denen wir lebten, nicht unwürdig waren. [27]

Die Geschichte der Wissenschaften hat Humphry Davy längst für würdig befunden, als einer der Großen in ihr aufgenommen zu werden.

Chronologie

1778	Humphry Davy wird am 17. Dezember in Penzance (Südwestengland) geboren.
1793	Nach Abschluß der Grundschule besucht Davy für ein Jahr die Lateinschule in Truro.
1794	Tod des Vaters.
1795	Aufnahme einer Lehre bei dem Arzt und Apotheker Bingham Borlase in Penzance.
1797/98	Selbststudium naturwissenschaftlicher Werke sowie Ausführung chemischer Experimente.
1798	Anstellung als Assistent an Dr. Beddoes „Pneumatic Institution" in Bristol.
1799	Erste Publikationen „On Heat, Light and the Combinations of Light" und „On the Generation of Phosoxygen" (Oxygen-Gas) erscheinen, Versuche mit Lachgas.
1800	Die Arbeiten über Lachgas werden publiziert („Researches Chemical and Philosophical, chiefly concerning Nitrous Oxide"). Im Frühjahr wird Voltas Entdeckung der Säule in den Philosophical Transactions bekannt. Davy nimmt bald darauf elektrochemische Versuche auf.
1801	Im Februar wird Davy zum „Assistant lecturer" an der Royal Institution ernannt. Aufnahme der Vorlesungstätigkeit im April.
1802	Ernennung zum Professor an der Royal Institution. Gemeinsam mit Thomas Wedgwood photographische Versuche, erste Mikrophotographie.
1803	Aufnahme einer Vorlesungsreihe über Chemie für die Landwirtschaft, Mitglied der Royal Society.
1805	Copley-Medaille der Royal Society.
1806	Erste Bakerian-Lecture, endgültige Klärung der Wasserelektrolyse, eigene elektrochemische Theorie, die eine Mittelstellung zwischen der Kontakttheorie und der chemischen Theorie der Potentialbildung einnimmt.
1807	Sekretär der Royal Society, zweite Bakerian-Lecture. Entdeckung von Natrium und Kalium.
1808	Entdeckung von Barium, Strontium, Calcium und Magnesium, Herstellung von elementarem Bor, dritte Bakerian-Lecture.
1810	Versuche mit Salzsäure und Chlor, dessen elementare Natur bewiesen wird. Vorträge in Dublin, erste Versuche mit dem Lichtbogen.
1812	Davy wird zum Ritter (Knight) geschlagen. Er heiratet Jane

Apreece, geb. Kerr. „Elements of Chemical Philosophy" erscheint. Arbeiten über Chlorstickstoff.

Davy gibt seine Stellung an der Royal Institution auf.

1813	Faraday wird Davys Assistent. Arbeiten über Fluor, „Element of Agricultural Chemistry" erscheint, Beginn der Reise zum Kontinent, erste Station Paris, Arbeiten über Jod.
1814	Aufenthalt in Italien und der Schweiz, Arbeiten über elektrische Fische und die Verbrennung des Diamants.
1815	Rückkehr nach England, Beginn der Arbeiten über die Verbrennung und die Konstruktion der Sicherheitslampe.
1816	Davy stellt seine Sicherheitslampe vor, Auszeichnung mit der Rumford-Medaille. Untersuchungen zur Katalyse.
1817	Prioritätsstreit mit Stephenson, Untersuchungen über Reaktionen in Flammen, Überreichung des silbernen Tafelgeschirrs, das später als Rücklage für die Stiftung der Davy-Medaille dient, die 1877 erstmals verliehen wird (an Bunsen und Kirchhoff).
1818	Davy wird „Baronet". Zweite Reise zum Kontinent, Versuche zur Erschließung der Handschriften von Herculanum.
1820	Wahl zum Präsidenten der Royal Society (bis 1827 jährliche Wiederwahl).
1821	Versuche über Magnetismus, Ablenkung des Lichtbogens im Magnetfeld.
1823	Beginn der Arbeiten zur Korrosion.
1826	Sechste Bakerian-Lecture, schwere Erkrankung.
1827	Erholungsreise zum Kontinent, im Oktober Rückkehr nach England, Auszeichnung mit der „Royal Medal", Rücktritt als Präsident der Royal Society.
1828	„Salmonia, or the Days of Fly-fishing" erscheint, Aufenthalt in Italien.
1829	Abschluß der Niederschrift an den „Consolations on Travel, or the last Days of a philosopher" (erscheint 1830), schwere Erkrankung in Rom. Auf der Rückreise nach England stirbt Davy am 29. Mai in Genf.

Literatur

A Publikationen mit Arbeiten Davys unter besonderer Berücksichtigung der deutschen Ausgaben:

[A 1] The Collected Works of Sir Humphry Davy. Hrsg. v. J. Davy. Vol. 1–9. London 1839–1840. (Bd. 1 enthält die Biographie Davys von J. Davy, vgl. [B 3].)

[A 2] Davy, H.: Physiologisch-chemische Untersuchungen über das Atmen, besonders über das Atmen von oxydiertem Stickgas. Aus dem Englischen mit Anmerkungen und Zusätzen. 2 Teile. Lemgo 1812–1814; ein Auszug auch in: Gilberts Ann. Physik 19 (1805) 298–327.

[A 3] Davy, H.: Elemente des chemischen Teils der Naturwissenschaft. Aus dem Engl. v. F. Wolff, Bd. 1, Teil 1 (mehr nicht erschienen). Berlin 1814.

[A 4] Davy, H.: Beiträge zur Erweiterung des chemischen Teiles der Naturlehre. Aus dem Engl. v. F. Wolff. Berlin 1820. (Inhalt und Druck identisch mit [A 3], nur Titel verändert.)

[A 5] Davy, H.: Elemente der Agrikulturchemie, in einer Reihe von Vorlesungen gehalten vor der Gesellschaft zur Beförderung des Ackerbaus. Aus dem Engl. v. F. Wolff, Anmerkung u. Vorrede v. A. Thaer. Berlin 1814. Enthält im Anhang: Nachricht von den Resultaten der Versuche über den Ertrag und die nährenden Eigenschaften verschiedener Grasarten und anderer Pflanzen, welche den Tieren zur Nahrung dienen, angestellt von John Herzog von Bedford, vgl. [A 13].

[A 6] Davy, H.: Versuche, die Herculanensischen Handschriften in Neapel mit Hilfe chemischer Mittel zu entwickeln. Hrsg. v. F. C. L. Sickler. Leipzig 1819.

[A 7] Davy, H.: Six Discourses, delivered before the Royal Society. London 1827.

[A 8] Davy, H.: Tröstende Betrachtungen auf Reisen; oder die letzten Tage eines Naturforschers. Dt. v. C. F. Ph. von Martius. Nürnberg 1833.

[A 9] Davy, H,: Salmonia, oder neun Angeltage. Dt. v. C. Neubert. Leipzig 1840.

[A 10] Goldkörner aus dem literarischen Nachlaß eines christlichen Naturforschers [Sir Humphry Davy]. Ges. v. W. Büchner. Erlangen 1856. (Nicht in [B 1] enthalten.)

[A 11] Davy, H.: Elektrochemische Untersuchungen. Ostwalds Klassiker der exakten Wissenschaften, Bd. 45. Hrsg.: W. Ostwald. Leipzig 1893.

[A 12] Davy, H.: Über die Sicherheitslampe. Ostwalds Klassiker der exakten Wissenschaften, Bd. 242. Hrsg.: K. Clusius. Leipzig 1937.

[A 13] Bedford, J. v.: Chemisch-agronomische Untersuchungen über den

Wert verschiedener Futtergräser. Hrsg. v. H. Davy. Aus dem Engl. v. A. A. Haas. Trier 1821.

[A 14] Jac. Berzelius Bref. Bd. 1. Teil 2. Brefväxling mellan Berzelius och Sir Humphry Davy (1808–1825). Hrsg.: H. G. Söderbaum. Uppsala 1912.

B Bibliographien und Werke mit biographischen Arbeiten über Davy (letztere in Auswahl):

[B 1] Fullmer, J. Z.: Sir Humphry Davy's Published Works. Cambridge 1969.

[B 2] Paris, J. A.: The Life of Sir Humphry Davy. Bd. 1 u. 2. London 1831.

[B 3] Davy, J.: Memoirs of the Life of Sir Humphry Davy. Bd. 1 u. 2. London 1836.
Deutsche Ausgabe: Denkwürdigkeiten aus dem Leben Sir Humphry Davy's. Dt. v. C. Neubert. Bd. 1–4. Leipzig 1840.

[B 4] Davy, J.: Fragmentary remains, literary and scientific, of Sir Humphry Davy. London 1858.

[B 5] Hunt, R.: Humphry Davy. In: Dictionary of National Biography, Bd. 14. Hrsg.: L. Stephen. London 1888. S. 187–193.

[B 6] Thorpe, T. E.: Humphry Davy, Poet and Philosopher. London, Paris u. Melbourne 1896.

[B 7] Bauer, A.: Humphry Davy (1778–1829). Vorträge des Vereins zur Verbreitung naturwissenschaftl. Kenntnis. Bd. 44, Heft 5. Wien 1904.

[B 8] Ostwald, W.: Psychographische Studien I. Humphry Davy. Ann. Naturphilosophie 6 (1907) 257–294.
Leicht gekürzter Abdruck in Ostwald, W.: Große Männer. 1. Aufl. Leipzig 1909. S. 21–60.

[B 9] Ostwald, W.: Davy. In: Das Buch der Großen Chemiker. Bd. 1. Hrsg.: G. Bugge. Berlin 1929. S. 405–416.

[B 10] Gregory, J. C.: The Scientific Achievements of Sir Humphry Davy. London 1930.

[B 11] Prandtl, W.: Humphry Davy. Jöns Jakob Berzelius. Große Naturforscher Bd. 3. Hrsg.: H. W. Frickinger. Stuttgart 1948. (Veränderte deutsche Ausgabe von [B 6]).

[B 12] Crowther, J. G.: Große Englische Forscher. Berlin 1948. S. 15–74. (Dt. Ausgabe von British Scientists of the Nineteenth Century. London 1935.)

[B 13] Kendall, J. P.: Humphry Davy, „Pilot" of Penzance. London 1954.

[B 14] Treneer, A.: The Mercurial Chemist. A Life of Sir Humphry Davy. London 1963.

[B 15] Hartley, H.: Humphry Davy. London 1966.

[B 16] Ruben, S.: Humphry Davy, Innovator in Electrochemistry. J. Electrochem. Soc. 120 (1973) 317C–321C.

[B 17] Fullmer, J. Z.: Humphry Davy, Electrochemist. In: Selected Topics in the History of Electrochemistry (Eds. G. Dubpernell u. J. H. Westbrook) Princeton, The Electrochem. Soc. 1978, S. 88–99.

[B 18] Fullmer, J. Z.: Humphry Davy's Critical Abstracts. Chymia 9 (1964) 97–115.

[B 19] Fullmer, I. Z.: Davy's Sketches of his Contemporaries. Chymia 12 (1967) 127–150.

[B 20] Fullmer, J. Z.: Davy's Priority in the Iodine Dispute: Further Documentary Evidence. Ambix (1975) 39–51.

[B 21] Williams, L. P.: Humphry Davy. Sci. Am. 202:6 (1960) 106–114.

Zitierte Literatur und Anmerkungen

[1] Brief Lichtenbergs an J. A. Schernhagen vom 16. Oktober 1775. In: G. C. Lichtenberg: Schriften und Briefe, Bd. 4. Hrsg.: W. Promies. München 1967. S. 246–254.

[2] Gill, J.: Humphry Davy 1728–1829 and the Hotwells Medical Pneumatic Institution, Bristol. Bristol [um 1978].

[3] Williams, L. P.: Michael Faraday. A Biography. London 1965. S. 60–73.

[4] Williams, L. P.: Kant, Naturphilosophie and Scientific Method. In: Foundations of Scientific Method: The Nineteenth Century. Hrsg.: R. N. Giere u. R. S. Wertfall. Bloomington u. London 1973. S. 3–22.

[5] Eine ausführliche Darstellung der im folgenden geschilderten Geschichte des Lachgases findet sich bei: Cohen, E.: Das Lachgas. Eine chemisch-kulturhistorische Studie. Leipzig 1907.

[6] Davy, H.: Researches, Chemical and Philosophical, chiefly concerning Nitrous Oxide, or Dephlogisticated Nitrous Air, and its Respiration. Bristol 1800. Dt. Ausgabe s. / A2/.

[7] Brief Davys an seine Mutter vom 11. Oktober 1798. Übersetzt nach: Sir Humphry Davy 1778–1829. His Life and Work. A biographical guide to the exhibition with transcriptions of all manuscripts on view. Penwith District Council 1978.

[8] Fullmer, J. Z.: The poetry of Sir Humphry Davy. Chymia 6 (1960) 102–126.

[9] Brief Priestleys an Davy vom 31. Oktober 1801. In [7].

[10] Jones, H. B.: The Royal Institution. London 1871.

[11] Porter, Sir George: The Royal Institution – its history and future. New Scientist (1977) 802–804.

[12] Marcet, J.: Unterhaltungen über die Chemie. Hrsg.: F. F. Runge. Berlin 1839.

[13] Smith, R. A.: Memoir of John Dalton and History of the Atomic Theory up to his Time. London 1856.

[14] Miles, W. D.: Sir Humphry Davy, the prince of agricultural Chemists. Chymia 7 (1961) 126–134.

[15] Methode, mittelst der Einwirkung des Lichts auf salpetersaures Silber Gemälde auf Glas zu kopieren und Schattenrisse zu machen, erfunden von T. Wedgwood, und beschrieben von H. Davy. Gilberts Ann. Physik 13 (1803) 113–119.

[16] Dunsch, L.: Humphry Davy und die Frühgeschichte der Elektrochemie. Mitt. bl. Chem. Ges. DDR 27 (1980) 255–258.

[17] Simon, R. L.: Beschreibung einer neuen galvanisch-chemischen Vorrichtung und einiger merkwürdigen Versuche, die damit angestellt wurden. Gilberts Ann. Physik 8 (1801) 22–43.

[18] Berzelius, J. J. u. Hisinger, W.: Versuche über die Wirkung der elektrischen Säule auf Salze und auf einige von ihren Basen. Neues Allgemeines Journal der Chemie 1 (1803) 115.

[19] Russell, C. A.: The Electrochemical Theory of Sir Humphry Davy. Part I, II, III, Ann. Sci. 15 (1959) 1–13, 15–25; 19 (1963) 255–271.

[20] Zitiert nach [A 3], deutsche Ausgabe, Bd. 2. S. 277–278.

[21] Berzelius, J.: Selbstbiographische Aufzeichnungen. Hrsg.: H. G. Söderbaum. Monographien aus der Geschichte der Chemie Bd. 6. Hrsg.: G. W. A. Kahlbaum. Leipzig 1903. S. 54–58.

[22] Brief Davys an Faraday vom 24. Dezember 1812, nach [7].

[23] Zitiert nach [B 3], deutsche Ausgabe, Bd. 2. S. 308.

[24] Siegfried, R.: Sir Humphry Davy on the Nature of the Diamand. Isis 57 (1966) 325–335.

[25] Gay-Lussac, J. J.: Untersuchungen über das Jod. Ostwalds Klassiker der exakten Wissenschaften, Bd. 4. Hrsg.: W. Ostwald. Leipzig 1889.

[26] Vgl. Baumgärtel, H.: Alexander von Humboldt und der Bergbau. In: Alexander von Humboldt 14. 9. 1769 bis 6. 5. 1859. Gedenkschrift zur 100. Wiederkehr seines Todestages. Berlin 1959. S. 1–35.

[27] Zitiert nach [A 7], erster Vortrag. S. 15.

[28] London und Paris, 10 (1802) 60–90.

Personenregister

(Dieses Register erschließt nicht das Literaturverzeichnis)

In unserer Reihe

Biographien
hervorragender Naturwissenschaftler,
Techniker und Mediziner

erscheint 1982

BAND 5

Prof. Dr. phil. nat. Dr. rer. nat. H. C. Wilhelm Schütz †

Michael Faraday

70 S. mit 8 Abb.
Kartoniert 4,35 M, Ausland: 6,80 M
Bestell-Nr. 665 165 0   Bestellwort: Schuetz, Faraday
Format 12 × 19 cm
4., korrigierte Auflage

Inhalt:

Buchbinderlehrling und Autodidakt · Vom Assistenten zum Professor für Chemie · Der große Entdecker im Bereich der Physik ·
Der liebenswerte Mensch · Ausklang · Literatur

BSB B. G. TEUBNER VERLAGSGESELLSCHAFT LEIPZIG